目錄

目錄

目錄

第十一章　巾幗不讓鬚眉

第十二章　如何打造成功的總經理

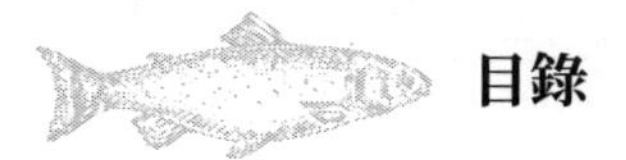

目錄

前言

總經理，是一個團隊的領頭羊，同時也是一個團隊的濃縮和標誌。卓越的軍事天才拿破崙曾說：「一隻獅子帶領的綿羊群，可以打敗一隻綿羊帶領的獅子群。」一個團隊中領導者的核心作用由此可見一斑。

一個組織能否在市場競爭中獲得並保持競爭優勢，關鍵取決於總經理及其領導的團隊能否具有敏銳的洞察力、豐富的想像力、高超的領導技能、堅強的意志，識別各種風險和機遇，在時機內做出正確決策，並能凝聚整個團隊，開拓市場，經營管理。作為團隊的當家，是整個團隊的統帥，是企業的代言人，既要決策，又要指揮。

總經理是現代團隊中的一個新興的職位，是目前團隊中讓人羨慕的頭銜，總經理頭銜往往是成功的象徵。而仔細觀察我們身邊的總經理，並不完全具備這樣的資格，一些小團隊的創始人、老闆，往往以總經理自居，這樣的總經理的含金量值得商榷。

我們身邊總經理非常多，但是真正有個人修養的總經理恐怕寥寥無幾。總經理，是一個團隊中的最高統帥，負責團隊的所有事務，這對於擔任總經理的人來講是一個具有很大挑戰性的工作。通常我們認為，成為總經理的人一定是成功的，總經理象徵著財富、權力、尊貴。仔細想一想：當上總經理就一定擁有財富嗎？擁有了權力就能夠讓別人服從嗎？成為總經理就能夠得到別人的尊重嗎？

事實往往不是想像中的那樣簡單，很多小團隊的總經理非但不是腰纏萬貫，由於團隊經營的一些問題，很有可能還債臺高築。總經理是團隊中的權力象徵，這並不代表總經理可以得到全體員工的服從，如果權力運用不當，有可能落下眾叛親離的結果。總經理可以躋身上流社會，他們是時代的寵兒，但是如果沒有達到一定的個人修養，仍然無法得到別人的尊重。

作為總經理，應該知道前面永遠都是挑戰！

在複雜的團隊管理中，願本書能助你一臂之力。我們不奢求本書能使你的團隊管理錦上添花，只希望能成為你飢寒交迫時的一杯水、一碗麵、一盆火。

第一章
總經理的十大領導藝術

一個橋梁專家不一定領導好一個橋梁工程，而一個不懂橋梁專業知識的主管，可能會把這項工程領導得更好。問題就在於領導的藝術。

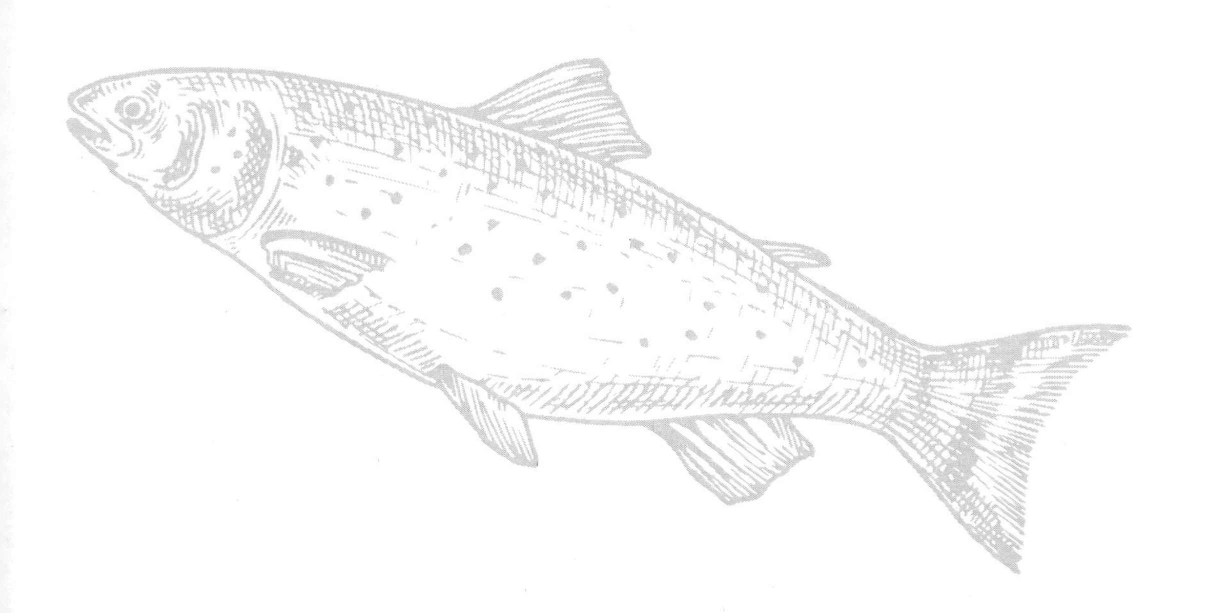

第一門藝術：善於識別人才

在一個企業裡，一些工作人員的潛力被無謂的浪費掉或未能得到充分的發揮，是常有的事。為了企業的利益，主其事者應善於識別企業裡的「明星」，使之不被埋沒。

怎樣識別你企業裡的「明星」呢？可以從以下幾個方面進行考察：

(1) 他有沒有雄心壯志

明星人物必然有取得成就的強烈願望。他透過完成工作，不斷尋求發展的機會。

(2) 有無需要求助於他的人

如果你發現有許多人需要他的建議、意見和幫助，那他就是你要發現的明星了。因為這說明了他具有解決問題的能力，而他的思考方式為人們所尊重。

(3) 他能否帶動別人完成任務

注意是誰能動員別人進行工作以達到目標，因為這可以顯示出他具有管理的能力。

(4) 他是如何做出決定的

注意能迅速轉變想法和說服別人的人。一個有才幹的高級管理人員往往能在相關資訊都已具備時立即做出決定。

(5) 他能解決問題嗎

如果他是一個很勤奮的人，他從不會去向老闆說：「我們有問題。」只有在問題解決了之後，他才會找到老闆匯報，說：「剛才有這樣一種情況，我們這樣處理，結果是這樣。」

(6) 他比別人進步更快嗎

一個明星人物通常能把上級交代的任務完成得更快更好，因為他致力於做「家庭作業」，他隨時準備接受額外任務。他認為自己必須更深的去挖掘，而不能只滿足於懂得皮毛。

(7) 他是否勇於負責

除上面提到的以外，勇於負責是一個企業人才的關鍵性條件。

俗語有「千軍易得，一將難求」的感嘆，從這句話中可以深切感受到能夠統領大局的人才，太難得了。將才在領導者與最基層執行者之間起著紐帶和橋梁作用。所以，識別將才有以下的五個標準：

① 不怕死

即將才首先要有一種捨生忘死身先士卒、勇於衝鋒陷陣的精神，才能激發士兵甘拋頭顱，願灑熱血，越險越勇；其次，要有獻身事業、以身作則的意識，只有自己把精力全部投入到事業之中，才有資格向自己的部下提出更高的要求。

吳起帶兵，立足於士兵之中，以身作則，深得廣大士兵的愛戴，作戰時，都能奮勇向前，每戰必建功立業。

② 公、明、勤

不公則人心不服，沒有凝聚力的團體是不會有奮鬥力的；不明則是非不清，沒有明確的意圖，會使人無所適從；不勤則軍紀弛廢，事務得不到認真及時的處理。所以，將才只有自身做到公、明、勤，才能帶出一支實力堅強的團隊。

韓信用兵，賞罰分明，被譽為可統百萬雄兵的將才。

③ 薄名利

過分追求功名利祿的將才，必然不會好好的控制個人的欲望，當自己的晉升不能如願時，就會怨氣沖天，這樣的將才再有才能，他也會影響屬下去為蠅頭小利而自傷和氣。

「大樹將軍」馮異不計名利，為後代之楷模。

④ 身心健康

為將之才上要溝通領導，下要聯絡士卒，既動腦又動手，十分操勞辛苦。如果身體虛弱的人，會因過度勞累而受不了，甚至染病而荒廢軍務；如果缺乏精神支柱的人，就會因日久而產生厭煩情緒，離心離德，難勝重任。所以對於將才來講，體格強健、精神飽滿是很重要的。

周瑜英雄蓋世，可惜英年早逝，令人為之扼腕嘆息。

⑤ 義膽忠肝

如果說為將之才必須要同時具備以上四點要求有些過分的話，那麼這第五點是絕對不可少的。因為將才有高下之分，也各有所長，有的人多謀善斷，有的人沉著勇敢，有的人胸懷韜略，有的人身藏絕技，各自會發揮不同的作用。但無論何種人才，若沒有起碼的義膽忠肝，血氣良心，則最終是無法使人信賴和依靠的。」

三國時期，孫權十五歲便繼兄位成為江南霸主，因此，特別重視起用年輕人擔負重大責任。周瑜任大都督掌全國軍事時，年方二十四歲。老將程普多次羞辱這位年輕的統帥，由於周瑜對孫權的一片忠心，為東吳的大局考慮，周瑜並不為之動怒。

魯肅投奔孫權受信任時也才二十歲出頭。名將呂蒙二十來歲為橫野呂郎將，孫權勸其讀書，呂蒙長進神速，駐陸口獨擋天下名將關雲長，並最終將其擊敗。統率吳軍拒七十萬蜀軍的陸遜是個書生，劉備視他為「黃口孺子」，大意輕敵，最後卻被陸遜所追逐，敗亡白帝城。看來，破除論資排輩，要有識人之明，重用赤膽忠心的能人，是孫吳人才輩出並長期保持實力不衰的一個要訣。 五代時，很有作為的周世宗柴榮在選人用人上，也反對只看資歷和過去的功勞，或依仗特權「走後門」。他除了重視科舉，注意透過朝廷正規途徑搜羅人才外，還勇於不拘一格使用忠心耿直之人。顯德元年（西元九五四年)，周世宗繼位不久，就擬升樞密副使、右監門衛大將軍魏仁浦為樞密使、檢校太保。有人議論魏仁浦沒有經過科舉及第，世宗反駁說：「顧才何如耳？遂用之。」又如，王朴在〈平邊策〉一文中表現他的遠見卓識。周世宗看後，十分賞識他的才能。不久，即提升王朴為左諫議大夫，開封府知事。

> 一流的人才造就一流的企業，如何篩選識別和管理人才證明其最大價值，為企業所用，是企業領導者面臨的最頭痛的問題。
>
> —— 盛田昭夫

第二門藝術：學會寬容下屬

遷怒下屬，只能給自己的人際關係交往帶來障礙，對自己的工作不利。

俗話說：「小不忍則亂大謀。」而忍的最要緊處就是要忍得住，所以忍，就要有一種寬大的胸襟與器量。忍是以退為進的一種方法，一種手段，並以此預示後來的成敗，這也就成了弱者與強者的一種區別了。所以，忍絕不意味著只咽氣不吐出來。所謂吐出來，如越王勾踐等那樣，是一種吐法。當然

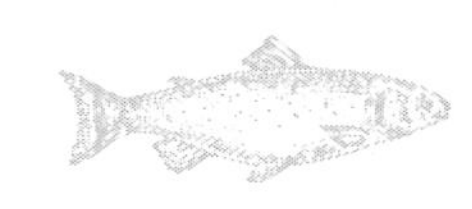

平常人們忍一時之氣，則常常是要時間和事實來回答，這也是一種吐法。

總之，身為管理者的總經理要做到忍得下，看得透，就要宰相肚裡能撐船。

可以講講曹操對禰衡的態度，這故事叫「擊鼓罵曹」。禰衡罵曹操，以及他所有對曹操的做法，乃至對東漢末年各地軍閥的看法，有他的道理，其人品、才能在當時都是第一流的。但曹操面對禰衡放肆的羞辱，為了顧全大局，把所有氣都咽下去了，也確實表現了宰相肚裡能撐船的雅量。

當時的情景，兩人較勁的起因其實很簡單。曹操請禰衡，實際想讓他做個軍務祕書長，動機很好。但是請人家來不請人家坐，就傷害了禰衡。接著禰衡就挖苦曹操手下無能人，並自誇才能。曹操大權在握，讓禰衡給他擊鼓，以此羞辱禰衡，禰衡也不拒絕。擊鼓應換新衣，按規定儀式進行，可禰衡只穿隨身衣服。

儘管這樣，禰衡到底是才子，他擊了一曲，讓在座的人都感動得掉淚。曹操手下人則堅持要禰衡換衣，禰衡卻乾脆裸體擊鼓，以此辱罵曹操是國賊。

此時一片喊殺聲，但曹操卻很冷靜，他容忍了禰衡，他不能因殺一個手無寸鐵的禰衡，背上忌才害賢的罪名，使天下人才對他望而卻步。與其說這時曹操明智，倒不如說他度量大。他派了一項任務給禰衡，去勸說荊州劉表前來投降，並派他手下重要謀士為禰衡送行。

寬容是一種讓步，是對他人的缺點和過失的一種諒解。寬容表面上看，是一種放棄報復的決定，但實質上是一種必不可少的品格，是一種需要強大精神力量和積極行為的。為人做事胸襟寬廣是必要的，也是成大業的保證，而對總經理尤其重要。

寬容別人實際也是在寬容自己，「海納百川，有容乃大」，何必因一點點小事而誤了自己的前程呢？記住：容人無量。

第三門藝術：考核下級的藝術

「績效考核」對任何組織來說都是一件非常重要的，也是衡量每個員工的業績大小、能力高低的重要手段。其結果更是讓許多人得到升遷和獎勵的一項重要依據。

所以，領導者考評員工一定要合理，要客觀，使員工心悅誠服。

績效考核的方法有很多，這裡只簡單的介紹一下在績效考核中應注意的幾個要點：

(1) 人事考核要力求平等

某一公司主管，想對部屬的人事考核力求平等，感到很傷腦筋，於是想到，索性給全體一樣的分數，而後解釋：「不管哪一個，看起來都很不錯，所以……」

其實，即使是同一學校的畢業生，也並不意味著會有相同的能力，因而採取這種評分的方法，多是由於主管本身缺乏判斷力的緣故。表面看起來，好像做到了平等待遇，而事實上，再也沒有比這更不平等的了。

要真正做到平等，就必須對每一位部屬的個性、能力、特點做一區別，定出一個基準，在平等的基準上，評出個別的差異，這才叫做平等。

就男女平等的觀點來說，也是一樣的。女性有她們特有的能力與適應性，若忽視了這些，派與男性同樣的工作，則非但不能使其能力得到恰當的發揮，相反，還會造成對她們的不利。看似平等待遇（也許這樣會為女權至上者所歡迎），而事實卻造成不能發揮女性特有能力的狀況。因此，總經理必須在人事考核上力求「男女平等」。

(2) 人事考核要力求公正

企業有很多員工，總經理一個人不可能事事過目，最簡單可行的辦法就是互相監督，把心放在明處，才是最公正的考核。

眾人的目光是世界上最好的「警察」，所謂「有目共睹」應該就是這個道理。而且更重要的一點，這些「警察」都是不用付薪水的。

> 如何考核下級，是每個總經理在人事方面都不可缺少的工作，如何考核，是否能一碗水端平，是每個下級評價總經理的尺規。所以，身為總經理，一定要懂得考核的藝術，做到公平公正。

第四門藝術：下達命令的方式

領導者在下達命令的時候，一定要讓員工保持積極的工作心態去接受和實施你下達的命令和安排的任務，這是十分必要的。那麼，總經理只有真正相信每個人都是重要的才行。

總經理應當掌握一種最有效的管理技術，你不妨對他們說：「都靠你們了。」也許這麼一句簡單的話，能勝於你任何管理的方法，也許就這麼一句簡短的話，卻能夠激發員工的上進心，使之全心全意投入工作。

總經理要充分學會使用這種方法。對那些不好管理的下屬在說這種話的同時，不時拍一拍他們的肩膀，效果可能會更佳。對於那些比自己年長或同齡的下屬，還有那些做出成績的、或比較神經質的下屬，要盡可能的採取懷柔政策。

總經理在下達命令時，也要注意自己的語言和態度。但是，對命令本身是不能打任何折扣的。

對於下面幾種類型的下屬，採取溫柔的方法下達命令會得到較好的效果。

(1) 性格倔強的下屬。當總經理向他們下達命令時，他們會感到受到刺激，因而拒絕執行。即使去執行的話，他們也不是心甘情願的。

(2) 比自己年長或同齡的下屬，曾經取得過一些成績的員工。對於上面所述的兩種類型的下屬，總經理可以對他們說：「我需要藉助於你們的經驗和智慧……」這樣就表現出較謙虛的態度。

(3) 要增加工作量或者工作難度特別大的時候，就對他們說：「這種工作只有你們才能完成。」

(4) 對工作特別感興趣的員工。要想使這種員工工作得更加出色的話，就對他們說：「你對這種工作最有經驗，全靠你了。」

善於培養部下的總經理常給部下明確的指示和命令，讓他們在發揮自己的才幹中逐漸成長。因此，一定要指導部下如何正確接受總經理的命令。

總經理必須教育部下從接受命令的基本方法做起。

主管應積極接受部下對命令提出意見，而且必須做出正確的答覆。如果輕視部下的意見則會導致失敗。

當部下接受命令之後，總經理有權督促他們立刻行動。而且在執行當中，總經理也應當時常提醒他們不要馬馬虎虎工作。

如果想要部下接受上級的命令，必須注意以下幾點：

(1) 部下接受命令的方式

總是準備一個筆記本，隨時簡明扼要做紀錄。如果有問題，要等總經理說完之後再提問題。要重複命令的要點。

(2) 部下對命令提出意見的情況

發言應當很積極。要謙虛、直率的根據實際情況提出問題。要求總經理對自己的問題給予指示。

(3) 接受命令時要重複重點

抓住命令和指示的中心，做出正確的判斷。

(4) 去執行命令

提前做好執行命令的準備。要在時機點執行命令。在執行命令途中要多做匯報，多商量。要認真總結並寫出報告。

> 最成功的企業管理者，並不是緊盯著部屬，不斷下達大大小小的指令的人，而是只給部屬概括性方針，培養部屬的信心，幫助他們完成工作的領導者。
>
> ——盛田昭夫

第五門藝術：化解不滿情緒

情緒是人對客觀事物的態度和體驗，是人的需要是否獲得滿足的反映。在愉快積極的情緒狀態下工作，效果會更好，思路開闊，思維敏捷，富有創造性。在不良情緒狀態下工作，效率就會很差。因此身為總經理，一定要重視員工的情緒，加強情緒管理，以情緒智慧來緩解管理壓力，這是每個主管都不可放鬆的工作內容。

人都是有欲望的。只要有人類的存在，就會有欲求不滿的情況，這是毋庸諱言的事實。對企業總經理來說，如何處理這種欲求不滿呢？

要確定一個基本觀念。整個經營的體制，要做到皆大歡喜幾乎是不可能的。有利員工的事情，並不一定有利經營的方針。往往欲望一經滿足，便會產生安心或虛脫的感覺，精神逐漸鬆懈。

再說，欲望永遠不會滿足。一個需求得到滿足了，另一個需求還會跟著出現。員工的需求，無法做到一一滿足。身為總經理，也不必因此過分自責。不滿的滋生，多數是因工作人員情緒不穩定，以及與上級無法正式的溝通，因而與公司產生糾紛或芥蒂。

所以平息不滿最好的方法，乃是穩定他們的情緒，找到並解決謠言的起因，聆聽他們的意見，以及在可能範圍內滿足他們的需求。

最忌諱的，就是置之不理。剛開始，部下也許只是單純對主管不滿。之後，會漸漸演變成對公司的不滿。最後很可能將整個不滿情緒，擴大到公司的各個角落，甚至發生破壞和傷害行為的意外事件。

還有一點必須明白的是，「不滿是進步的原動力」。由於對現狀的不滿，才會刺激新的轉變。身為總經理，要善加利用這種情緒，不要愚蠢做出強迫性的壓制。

(1) 團結是真理

在工作中不可能沒有矛盾，不可能沒有摩擦和誤會，總經理在領導活動中與員工的不協調是絕對的，協調是相對的，重要的是出現矛盾和出現分歧後怎樣處理。

① 要有一定氣量

尤其是當被下屬誤解時，更要有一定的氣量，不可遇事斤斤計較，耿耿於懷。

② 主動交往

當上下級發生矛盾後，下級的心理壓力往往要比上級大。此時，總經理要主動接觸，減緩下級心理壓力，化解矛盾，不能坐等下級來「低頭認錯」，要為緩解關係創造有利的條件。

③ 下級遇到困難時要倍加注意

當那些反對過自己，對自己有成見的下屬遇到困難時，總經理更應關心，促其感化。

④ 勇於任用那些反對過自己的人

對那些反對過自己包括反對錯了、知錯改錯的下屬，只要他們確有真才實學，就要給予平等的任命，以激發他們的積極性。

(2) 認真解決抱怨

認真解決抱怨是處理不滿情緒的關鍵一環。當每個人受到不公正的待遇時，通常會有情緒化的反應，而反應的第一步就是發牢騷。我們對任何事情都有牢騷，比如，從早上上班尖峰時段的交通擁擠到不正常工作的電腦所帶來的煩惱，都會直接影響你的情緒，而導致滿腹牢騷，這是很正常的。

通常，發牢騷只是一種消氣的手段。如果這種令人苦惱的問題仍未得到解決，牢騷就可能累積成為抱怨；如果抱怨未得到正確處理，他們會覺得很委屈，並會嚴重影響員工和組織的工作表現。

身為總經理，解決這一問題的辦法就是要對牢騷保持敏感，對抱怨則要保持高度注意。當你的員工抱怨某件事時，要以關切的態度迅速做出反應，要讓他們知道你在注意著這個問題。要徵求他們解決問題的辦法，聽聽他們的建議，決定可以採取哪些應急的和長期的方案，然後就要著手進行解決以確保方案的執行，以減緩抱怨並解決問題。

隨著時間的推進，那些未能得到解決的問題會引起越來越多的抱怨。如果你仍不採取可行的辦法對抱怨做出反應，人們就會認為你這個總經理不關心這件事。如果處理不當，這些態度還會在你和你的員工之間造成裂痕。影響團結，間接影響上下級溝通。

那些不想成為有分歧組織成員的員工會改變他們的工作機會。你可能難以想像一個未被解決的抱怨，會在主管和團隊成員之間變成嚴重的衝突，但它的確會發生，而且發生得比我們想像的更為頻繁。

總經理一定要傾聽抱怨，傾聽人們那些不得不說的話。要以行動做出反應，不要傲慢的說完便作罷或草草許諾了事，要切實採取行動。

(3) 掌握下屬的心理

掌握下屬的心理是解決不滿情緒的前提。在任何組織中，均無法避免某些成員對該團體或負責人心生不滿，或有所抱怨。身為總經理，在此種情況開始發生時，若未能有效加以解決，往往會使問題逐漸擴大，並更加棘手，最終演變為不可收拾的局面。

然而，總經理如何解決此類問題呢？最有效的辦法，莫過於讓他們把心中的不平與不滿發洩出來，以免後患無窮。

一般說來，身為上司的總經理，如果具有較敏銳的直覺，在聽取下屬的牢騷或辯白時，對於問題的所在往往可一目了然。但即使如此，切莫在下屬剛一開口便潑冷水，更不可在他尚未提出意見時，立即加以反駁。因為如此一來，只會加重他們原本低落的情緒甚至會發生衝突。

有時，對方的說法也許有所偏差，或存有先入為主的觀念，但這可能也是他重要的人生觀之一;若在談話中斷然予以否定，則必會損及對方的尊嚴，日後他便再也不敢打開心扉向你傾訴了。

相反，如果總經理耐心的將對方的話聽完，對方繃緊的心必然會漸漸舒展開來，而且心中必然會如此認為：你既然能夠把我的話聽完，我也願意聽聽你的想法。於是，當對方認真聆聽你的談話時，不妨趁此大好時機，有意無意加入你的意見。事實上，許多身為總經理者儘管才幹出眾，卻因為不會準確知道人心給員工把脈，而往往不能從下屬的心理考慮問題，更得不到下屬的認可。

所以，只要總經理不忽略此種方式，讓下屬享有表現自己的機會，相信會得到下屬的認同的。

(4) 合理解決衝突

公司裡的各個部門都有自身的利益。各部門主管為維護自己的利益難免發生衝突。例如：銷售部門為了完成銷售任務，希望能得到一筆廣告費。而增加的廣告費又會破壞收支平衡，給財會部門帶來負擔。生產部門為了擴大產品產量，向總經理提議增加十個工廠，這樣產品產量可以增加一倍，而採購部門的工作量相應也會增大，也會向總經理提出增加人手的請求等等。

公司總經理應當對這些部門衝突認真對待，不能坐視不管，更不能利用矛盾，又打又拉，這樣反而會促使矛盾激化。

部門間發生衝突的原因之一是相互間缺乏協調，從某種意義上說是總經理的失職。總經理應當注意培養下屬的協調精神，利用公司聚餐、例會、總結會等機會灌輸協調的重要性。

必要時，應當適時召開協調會議，以防範部門間的對立，或設立公開的調解機構，專門解決各部門之間的衝突。

總經理應當時時教導下屬從公司全域利益出發，不要只顧自己部門的利益。當雙方對立情勢惡化時，總經理應當親自出面裁決，仔細聆聽雙方的陳述，分析雙方的是非。

> 一個明智的總經理，應該時刻注意加強自身修養，善於調節自己的情緒，乃是穩定員工情緒的基礎，聆聽他們的意見，以及在可能的範圍內滿足他們的要求。運用機動靈活的方法和策略來平衡衝突。

第六門藝術：培養團隊精神

領導者職責之一，就是推進團隊的發展，帶領團隊走向成熟。總經理身為團隊的領導者，如何能充分認知團隊的特點和問題，去培養團隊的精神，確保同心協力把工作做好，是當之無愧的重任。

如何培養團隊精神？不妨從以下幾點做起：

(1) 把下屬放在首位

① 追隨者至上

總經理要永遠把自己的下屬放在一切事情之上。只有具備了「追隨者至上」的信條，領導者才會願意採取行動，關懷、珍惜下屬，支持他們，賜給他們力量，激勵他們去做好每件事情。

當把追隨者放在第一優先位置時，其成效是相當驚人的。當追隨者受到總經理的鼓舞感召，他們藏在心底深處的無限潛能和愛心就會快速爆發出來，那麼，他們所做的任何事情都將出色和完美。

② 培養下屬的團隊精神

總經理應該幫助下屬了解建立團隊的觀念極其重要性，這是培養團隊精神的一條捷徑。這個工作從職前教育就應該開始。總經理首先要讓下屬了解關於完美團隊的正確觀念，讓他們學習團體的行為，以後，定期在職業培訓中，不斷在「人際關係」、「溝通」、「領導」和「管理」等課程上予以加強訓練。

透過有計畫性的訓練，這些受過良好訓練的下屬，就能較有信心，全力奉獻自己的才能，自動自發和其他成員一起合作，共創佳績。

(2) 培養團隊精神的方法

① 營造良好的工作環境

總經理要成為一名有效的團隊領導者，就必須努力了解成員的需求，以及他們的工作動機，因為唯有能夠了解這點的領導者，才可以營造良好的工作環境；也只有在這種環境下，在達到目標的同時，也滿足了團隊成員的個人需求。

② 培養下屬整體搭配的團隊默契

個人的力量是有限的，只有團結的團體才是最偉大的。身為團隊的領導者，固然要讓每位成員都能擁有自我發揮的空間，但更重要的是，要用心培養下屬的合作精神，消除個人主義，鼓勵整體搭配、協調一致的團隊默契，並使大家彼此了解取長補短的重要性。

另外，喚醒團隊成員整體搭配的觀念時，總經理必須將重點集中在他們同心協力的行動和甘苦榮辱的感受上。

> 團隊作為一個整體來說，如果步伐協調統一，就能走向美好的未來。對總經理來說，對團隊的成員要像對待家裡人一樣關懷他們，並在他們中間樹立威信，從而建立一支具有高度凝聚力的團隊。

第七門藝術：因材而用，尊重下屬

常言說得好：「廢物就是放錯地方的寶藏」，用人也一樣。用人必須考慮到人員之間的相互組合與搭配。如此既能發揮個人的聰明才智，又能增強團體的辦事能力，這可以說是人事管理的金科玉律。一般來說，人才只有放對地方才是人才，放錯了位置就是庸才。也就是把一個人適當安排在對他最合適的位置上，使他能完全發揮自己的才能。同時，每個人都有自己的長處和短處，這就要求在用人時，有針對性的予以適當搭配和協調，為以後工作取得團結一致和同心協力打下良好基礎。

怎樣達到人事關係的協調呢？

(1) 男女搭配，工作不累

青春期的男女最需要異性朋友，只要與異性並排做事，或在同一辦公室工作，彼此做事就格外認真，這種情形並非愛戀的情感，或者尋覓結婚對象，而是在同一辦公室中，如果摻雜異性在內，彼此性情在不知不覺中就會平和許多。這些年輕人都認為辦公室內若有異性存在，就可放鬆神經，調節情緒。像這種男女混合編制，不但提高工作效率，也可成為人際關係的潤滑劑，起到緩解衝突的彈性作用。

但男女混合編制也不盡然完美無缺。在眾多男性中只摻雜一位女性，或者許多女性中只有一位男性，這也許比全無異性來得好，但那位唯一的異性，因缺少同性談話的對象，內心容易積聚不滿，日久可能會崩潰，或者有異性化的趨勢。

工作上不可能有男女混合編制時，應經常舉辦娛樂活動或男女交誼團體活動，增加男女交誼機會，這樣就絕不會有破壞風紀的情形發生。

(2) 讓情投意合的朋友一起工作

年輕人認為「不論任何事，最好要有兩、三位好朋友彼此商量較好」、「最好有知心朋友一起工作」、「沒有好朋友一道工作實在不好」，因為有了好朋友，彼此能夠互相幫助、鼓勵，做起事來也充滿幹勁。

有位年輕人表示過：「本公司的人際關係並不和諧，大家也總認為彼此無法互談心中話，像我那一期同時來了六位新人，其中四位不到一年就辭職不做了。」這也表現出，如果沒有好朋友一起工作，非但工作意志低下，甚至影響到工作的長久性，這種情形對新進人員來說影響更大，因此，總經理一定要注意這方面的情況，讓管理人員在這方面多加注意，一定要建立一個可使他們工作順暢的環境。

(3) 注意年齡結構的搭配

許多企業領導者，特別是企業主管為了追求效益而組織的團隊都是一些年輕人，成員之間年齡相差無幾，因此，在需要更替時，不得不全員更換，工作前後不銜接，出現週期性間斷，使工作效能受到很大影響。

因此，總經理必須注意員工的新老搭配的合理性。一般來說，年齡大有經驗豐富、穩重老練，事業心強的優點，但創新精神不足，守業心理較濃厚，易犯經驗主義毛病；年紀輕的精力充沛，思考敏銳，勇於探索創新，易犯冷熱病。假如領導階層是同一個年齡層次，就很難做到「內部」的交替與合作，形成高效能的管理局面。因此，必須有一個梯形的年齡結構，應由「老馬識途」的老年，「中流砥柱」的中年和「奮發有為」的青年這三部分人組成一個具有合理比例的混合體，只有如此才能發揮其各自的最佳效能。這樣既可以使老中青在經驗和智慧方面的不足得到互補，又可以使「內部」保障旺盛的生機，相對穩定並有利於新老「成員」的自然交替。對保持工作的連續性有著強烈的推進作用。

(4) 善於用老職員

大多數公司在招聘人才時，對三十五歲以上的一般不予考慮，只選用年輕員工工作，卻不考慮中、高齡下屬也有其優點。有些總經理甚至刻意忽視這類下屬，暗示他們自動辭職，此舉顯得目光過於短淺了！

中、高齡的下屬是可以有更大的發揮的，他們的優點和潛能是否能盡其所用，則需看總經理的管理能力的高低。

(5) 注重氣質結構的搭配和協調

由於個人的生活環境各異，自然形成了性格、氣質的獨特性。有的辦事俐落，行動敏捷；有的沉著冷靜，勤於思考；有的感情內向，做事精細，耐力持久等等。而同一部門是同一性格、氣質的人，不僅不利於工作，甚至會摩擦不斷，難以相處。其結果必然會削弱團隊的奮鬥力，出現一加一小於二的現象。因而同一個部門即使完全具備了理想的知識、年齡、專業和智慧結構，沒有協調的氣質，仍然談不上工作的高效能。所以，同一部門要有一個協調的氣質結構，工作起來就比較和諧，效率也會很高。特別是企業的總經理一定要具備「帥才」的氣質，尤其善於決策和組織，其他副手要具有「將才」氣質，很強的「執行型」並獨當一面，才能形成最佳搭檔。

每個人都希望自己被重視，被尊重，企業員工也不例外。

總經理應該讓員工知道他自己的重要作用，是缺一不可的。

一旦他離去企業將處於混亂狀態。員工流動將會浪費大量的費用，而且具有相當的破壞性。如果流動率過高，可能導致人才流失，將會使公司喪失有效競爭的能力。

但是，流動率很低的公司，卻可能存在著一定的問題。不尋常的低流動

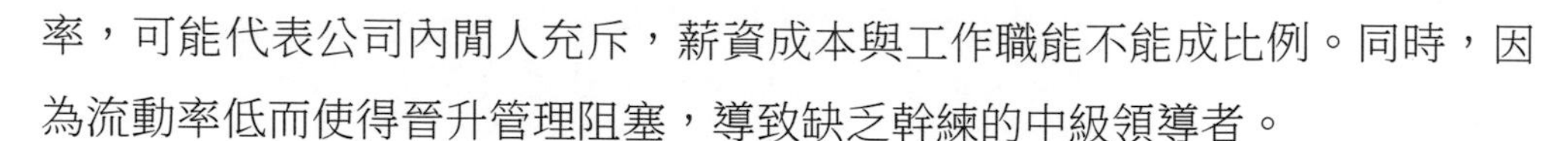

率，可能代表公司內閒人充斥，薪資成本與工作職能不能成比例。同時，因為流動率低而使得晉升管理阻塞，導致缺乏幹練的中級領導者。

對此公司總經理應採用以下原則：

(1) 對表現突出的人要有所獎勵

員工表現優異，就要給他獎賞：增加他們薪水、發放紅利和提升職銜。

不要忘記，勤奮工作的好員工是很難找的。更不要忘記，肯定員工工作表現的最有效方法就是給予獎勵。

(2) 內部提升

許多能夠成功管理員工流動率的公司，在向外求才之前，必先從內部找尋人才。從外界找人，無疑會打擊員工士氣。

(3) 保持開放的溝通管道

所有員工的抱怨，都值得你加以注意和回答。答覆員工時，必須告訴他們你將要採取什麼行動。花點時間與優秀員工面對面會談。這種討論會使他們有參與感和受到激勵。

(4) 職稱相當重要

職稱可以讓員工產生歸屬感，加強他的自尊和重要性。給予員工合適的職位，將會取得事半功倍的效果。

> 總經理在用人方面必須考慮到人員之間的相互組合與搭配。如此既能發揮個人的聰明才智，又能增加團體的工作效率。何樂而不為呢？

第八門藝術：合理解僱員工

身為一個總經理，解僱員工是經常遇到的事，但做出這樣的決定通常對主管來說也是很艱難的，尤其是解僱那些與你朝夕相處和你接觸最多的下屬們。其實只要是你熟悉的人，即使所有的人都認為他並不適合這裡的工作，甚至是害群之馬，當你解僱他之前，你也會私下斟酌再三。你不得不考慮由於解僱而帶來的一系列紛繁複雜的問題：他的離去會對其他員工產生什麼影響？是「利好」方面多一些，還是「利害」多？他的空缺工作如何完成？是否考慮再招收一些新的員工？被解僱的員工是否有一些後臺，他們會採取什麼樣的舉動？光是這些問題就可以令你頭痛了，這也許就是作為總經理的最大麻煩之一了。

解僱員工不怕，只要合情合理，採取正確的方式方法就可以。下面，我們就這一方面做一個簡單介紹：

(1) 解僱員工要用正確方式

被開除是件痛苦的事，但往往開除人的總經理不見得好過。許多總經理開除員工後，都會覺得焦慮、若有所失，甚至充滿罪惡感，畢竟開除這件事代表雙方的失敗。所以，我們要尋求一種正確的開除員工的方法。

如果員工的表現實在太差，不得不開除，那麼總經理在做決定之前要先想想：自己是否給了他足夠的時間與機會去努力？自己是否清楚如何評估他的表現？那位員工是否了解公司對他的要求？

思考之後，「攤牌」的時候到了。主管應詳細說明開除的原因，員工到底哪些方面令人不滿意？但仍可以用正面的方式表達，比方說：「我知道你已十分盡力，不過，這個工作顯然不適合你。」

接著就要講清楚他的工作哪一天結束，什麼時候要辦離職手續。

最好不要叫對方當天就走人，讓他有點時間收拾東西，和同事道別，這樣比較有人情味。

開除員工所選的時間和地點也很重要。在一個禮拜快接近尾聲時，挑一天快下班的時候，宣布這個壞消息，可免除對方在辦公室內遭受太多異樣的眼光。至於地點，還是找個房間，關起門來談，這樣能維持對方的尊嚴。

但是如果被開除的人在公司人緣好，工作表現也未受到同事的責罵，主管的決定很可能會招致大家的憤怒與不平。處在這種敵意甚濃的情況下，很多總經理都會覺得很難辦，比較好的方法是求助第三者 —— 人力資源部門、管理顧問、心理諮商等，一起來解決。

每個主管遲早都會面臨開除員工的尷尬，但也不能怕拉不下臉而放過太差勁的員工。因為能適時開除這種員工，對於其他人的士氣有正面的鼓舞作用，他們會覺得公司畢竟是重視工作表現的。

(2) 離職前的交談要講技巧

作為離職者的上級主管，在他離職前肯定會有所交談的，總經理必須懂得一些面談的技巧。

導致員工非自願離職的原因主要有以下兩個方面：

① 嚴重的過錯

② 長期不稱職

不管原因為何，當主管為下「逐客令」而主持非自願離職面談時，通常均感極不自在甚至感到厭惡。這種心情是可以理解的。但是為了建立和諧的人際關係與維護公司在社會上的良好形象起見，此種面談是必要的。因為一來與離職相關的例行性事宜必須轉達離職者；二來離職面談可給予離職者提供必要的心理輔導。倘若非自願面談主持得好，它可對部門及離職者均產生正面而有益的影響。

因此，與非自願離職者談話要按一定的步驟進行：

① 總經理必須冷靜的以清楚而精簡的話語傳達解聘訊號及構成解聘的理由

對被解聘者而言，不論這是意料中的還是意料外的事，他的第一個反應通常會做出相當程度的控制，因此他可能要求進一步解釋解聘的理由。此時不必做細膩的解說，因為在這個時候「細數罪狀」不但於事無補，而且會進一步激怒被解聘者為自己辯護。

② 總經理應讓被解聘者辯護

在多數情況下，被解聘者不會介意再度談論自己的事，也不再期待公司改變解聘的初衷。此時他若為自己辯護或對公司提出譴責，則其主要用意在於維護自身的尊嚴。總經理切忌在這個時候與他爭辯，而應專心聆聽他的話語。在這一階段內，總經理真正關心的是與解聘相關的資料的正確性（這些資料在舉行面談之前，不但已準備妥當而且其真實性已被鑑定），除非被解聘者能提供新資料以推翻原來的決定，否則面談主持者並沒有什麼好談的。

③ 總經理應將話題轉入「正題」

在這一階段內，除了應將與離職有關的例行性事告知離職者外，仍可視實際情況而給予必要的心理輔導。雖然此時他可能沒有心情接納它，但遲早他會領悟到它的益處而虛心接納的。許多非自願離職者均會反思到，解僱他們的主管所給予的輔導是他們通向成功的轉捩點。

對那些實在難以管教的下屬，作為總經理你必須當機立斷，該解僱就解僱，來個快刀斬亂麻。

尤其對其中一部分勇於背叛自己的下屬，更要毫不留情。

解僱員工一般總是使你心情沉重，唯一使你不感到難受的時候是當你解僱一個徹底背叛公司的人。

某集團的總經理講了一個故事：

曾經有一個厚顏無恥的背叛者，私下準備離開公司，並打算帶走所有他染指過的東西：客戶、卷宗、機密文件等等。當我們得知此事後，立即安排他出一天差。趁他不在的時候，我們徹底清空了他的辦公室並更換了所有的鎖。他一回來，我們就將他解僱了。

這裡並沒有任何玩弄陰謀詭計之嫌，這樣的情況無論在微型公司或大規模的公司都時有發生。遇到這樣的事你只有以毒攻毒。

記得有一家大公司的部門主管，貪汙了公司的財產。公司總經理將其叫到辦公室，向其出示了罪證後，宣布將他開除。與此同時，工人們來到貪汙者的辦公室將其個人物品搬出，接著便將辦公室貼上封條。

這樣似乎有點粗魯，有點過於嚴厲，但是，這也許是結束一個混亂局面的唯一方式。

(3) 總經理解僱下級要注意一些技巧

作為公司總經理，解僱不稱職的員工完全是分內之事。但往往會遇到此事，即使是那些以「硬漢」著稱的公司主管也難下決心，認為解僱員工是件很棘手的事。總擔心會引起連鎖反應，怎樣向客戶解釋呢？如何以此激發員工的積極性和責任感，做好善後工作等等。

解僱不稱職的人，最好的辦法是：

① 機會選擇適當

如果你要炒一個下屬的魷魚，應選對公司最為有利的時機。

在商務來往中，你的職員必然手中尚有要完未完的生意，掌握有一定數量的客戶，在未找到代替他的人之前，一切未準備就緒時，就暫時不要解僱他。有時你會等上幾天甚至更長的時間，以使更大限度減少解僱他給公司員工帶來的變動和對公司帶來的傷害。

在你準備時，或許你應及時通知客戶，公司與某人之間有些矛盾，將會有另一位員工代替他的工作，並表示公司願意與客戶繼續合作的願望。另外在公司內部可派另一員工到其負責的部門工作，並委以重任；或讓另一部門的經理與他的客戶認識，並逐漸接手其業務。

② 由他先提出來

對付想跳槽的員工，最好的辦法是由員工自己提出辭呈。讓員工自己體面的離開公司，總比你這位總經理直接下逐客令要好。如在解僱他時，發放一定數額的資遣費，並且替他在其他公司找一份適合他做的工作，對你的所做所為，他會一輩子永記心中，不會因被資遣而四處散播謠言，敗壞你的名聲。

其實安排某人主動提出辭職，並不是件複雜難做的事。但也不能太隨便，應注意當時說話的場合和方式。最容易讓人接受的是這樣說：「鑑於我們公司業務的特殊性，我認為你在公司這樣長期做下去，顯然對你對公司都不太合適，公司已決定，你應離開公司另找工作。但是什麼時候離開？怎樣離開？還沒有正式決定下來，請你先考慮一下，然後我們再交換意見。」

這樣簡單而直截了當的談話，將會取得你預想的結果。

③ 為他找到合適的位置

有些員工雖然肯做、誠實，但是礙於自身教育程度較低、適應能力弱等原因，不太適應公司業務發展需要。如公關部的某公關先生對於結識發展新

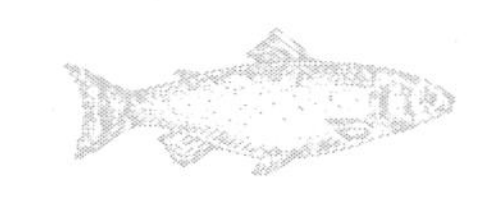

客戶、開拓新市場有一定能力，但在其他方面卻毫無辦法，並且常常會把事情弄得很糟。這時如何安排他為好，是解僱？或是降級使用？必須認真研究。常用的處理方法是，把他調到另一個適合他的工作職位上去，或許到了別的職位，他會做得更好，關鍵是找到這個適合他的部門。

④ 讓別人來「聘用」他

有的公司礙於當時聘用人的後臺關係，或其他難以言明的因素，不便直接下令讓某人離開公司，總是說服別的公司接收此人，並讓這家公司主動找該人面試工作。當此人被該公司「聘用」後，自認為是自己的才華被主管看中而被挖走的，對於「聘用」背後的一切都始終蒙在鼓裡，根本不知自己是被原公司體面「開除」的。

⑤ 果斷處置不手軟

對任何公司和總經理來說，開除或解僱員工，總是一件令人不快的事，因為這或多或少反映了公司存在某些缺陷或不足之處。但是如果解僱的是一個存在一天，對公司就危害無窮的「搗亂分子」，則沒有一點值得留戀的。

⑥ 讓你打算辭退的員工自動辭職

一位行銷經理談起公司總經理炒下屬魷魚的方法，甚有參考價值。當這位公司總經理不滿意某位下屬的工作表現，並想把他解僱時，他會實行其炒魷三部曲，行動逐步升級。

不過通常當他使出第一招後，該名員工便會立刻「醒悟」，自動執包袱而去。

這位總經理究竟怎樣做呢？

首先他會在公司內散播某某人有意離去的消息。請注意，當他這樣做時，還在別人面前裝成很煩惱、很憂慮的樣子，然後配以適當的對白：「唉，

A 君又說要走，看來那個部門的工作，又要亂好一陣子了。」

總經理的目的，是要讓其他職員把這個「消息」傳到該名員工耳中。當所有人反覆問後者他是否打算離開公司另謀高就時，正所謂空穴來風必有所因，毋須別人開口，自己也該走了。

若碰上一名資質愚鈍、不夠敏感，或者故意賭氣、賴著不走的下屬，總經理便會把行動升級，專找這名下屬工作上的雞毛蒜皮錯處，在開會時加以揭發，不留情面的責罵，令下屬難以下臺。假如這名下屬仍然不肯離開，總經理才使出最後板斧，實行當面交大信封，直接炒魷魚。

> 解僱員工對每個總經理來說，也不能不說是件既不光彩又痛苦的大事。畢竟解僱就代表了雙方都是失敗者。所以，解僱員工要尋找一種合適的方法，這樣既維持了對方的尊嚴，也顯得自己更具人情味。

第九門藝術：運用非權力的影響力

在領導關係中，主管取信於下級，不是靠著主管身臨其中的居高臨下，不該是身先士卒的駕馭指揮，更不是依靠權力來大聲的發號施令，而更多的是主管的人格力量、主管的素養、領導魅力以及對員工實現人性化的領導，這種非權力的影響力也是確保總經理事業成功的保證。

怎樣以非權力影響力取信於下級，要注意以下幾方面：

(1) 實事求是

主管取信於下級，實質上就是以「實」取信。實則信，虛則疑。以實取信，就是實事求是，一切從實際出發，說實話，辦實事，而非弄虛作假，敷衍下級，糊弄下級。總之，只有不失信於下級，才能取信於下級。

① 不輕易承諾、許願

有時下屬會出於各種目的和困難，向總經理提出各種要求，主管要認真分析，並廣泛徵求團隊成員和其他大眾的意見，再做出答覆。能辦到的，就告訴下屬可以辦；暫時有困難的，就告訴下屬為什麼辦不到，得到他們的諒解。只有言必信，行必果，說到就辦到，才能取信於下級。

② 秉公辦事，不做小恩小惠和「小動作」

廉生威，公生明。總經理對下級一視同仁，不做拉拉扯扯、小恩小惠。否則，得到總經理小恩小惠的人可能一時高興，但卻失信於多數下級；何況被拉攏的人也可能不乏正直之士，他們也會保持警惕；即使私心重的人喜歡接受這種小恩小惠，但他們以後還會得寸進尺要求更多，一旦更多私欲達不到，他們也會遷怒於人。所以，操弄權術和小恩小惠的人，遲早會「兩邊不討好」，失去下級的信任。

(2) 感情信任

總經理要取信於下級，就要對下級有一種熱情。熱情不熱情，關鍵在感情。如果總經理自視清高，缺乏應有的熱情，既不會去親近下級，更不會去信任下級，當然也就難以使下級產生親近感和信任感。

社會主義的上下級關係，不是剝削階級社會裡的君臣、君民、臣民關係，也不是驅使與被驅使、人身依附關係，而是平等、友愛、合作、同事式的新型關係。下級，尤其是各單位主管，是每個部門的主人，是總經理學習、依靠、服務的對象。

(3) 充分信任

取信於下級的前提是必須信任、依靠下級，如果連下級都信不過，勢必難以讓下級信任自己。

① 語言上表達信任

要在語言上表達出始終是相信下級、依賴下級、尊重下級權力的。無論個別談話，或是在大庭廣眾之下；無論在順境中取得成績的時候，還是在逆境中和遇到困難的情況下，都要表現出充分信任下級，相信下級會衝出困境、迎來光明的，以堅定下級戰勝困難的信心，鼓舞其鬥志，增強其勇氣。

② 使用上給予信任

總經理對下級的使用給予信任主要是兩點：

A. 求全責備

由於各人的素養、經歷、性格、修養等方面的差異，表現在心理素養、學識、能力上也互有短長。總經理不能只從一個角度看待下級，在使用上應讓他們各盡其才。

B.「疑人不用，用人不疑」

這雖是古訓，但對今天的領導工作也不無借鑑。總經理在「疑人不用」的前提下，既用人，則不疑，應給予應有的信任，以激發下屬的工作熱情和奉獻精神。

(4) 生活體貼

總經理應該及時了解大眾情緒，掌握下級的想法、觀點，既要力所能及的幫助下級解決具體問題，關心下屬的疾苦和困難，幫他們排憂解難，又要及時進行諮商工作。

(5) 非原則問題寬容

主管在處理與下級關係時，對於原則問題，應該一絲不苟，嚴肅對待，從嚴要求；而對於一些非原則問題、細枝末節問題，則要持寬容態度，不予計較，這也是一種對下級的信任。

怎樣培養非權力影響力

主管的非權力性影響力與他的實際法定權力並沒有必然的關係，它完全是總經理自身素養和行為造成的。因此，擴大非權力性影響力的影響，重要的是全面培養和修練主管的綜合素養；只有總經理的綜合素養被賦予了一種特殊的人格魅力時，該總經理才具備一定的非權力性影響力。

培養非權力影響力就要做好以下幾點：

(1) 總經理要有堅定的信心與意志力

信心和意志力是行動的基礎，是人生走向成功的非常重要的心理素養。一個領導者只有心裡充滿必勝的信念，對自己所從事的事業確信無疑，並且有堅韌不拔的意志力，才可能邁出堅定的步伐，產生克服萬難的力量、技巧和精力，想出解決問題的方法和對策，贏得他人的信賴和支持，最後達到為之奮鬥的終點。

(2) 總經理要有率直的心胸

一個優秀的總經理應該有率直的心胸，因為任何人只要具備率直心胸，就能明是非、知善惡、有愛心、懂禮讓。

有率直心胸的人，就虛心接受一切，不受外在事物的影響。他們一般都能遵循真理和正義，具有安全感，隨時保持大度的氣概。

擁有率直心胸的人對待人生豁達開朗，一般擁有健康的身體，不會為不必要的事情大傷腦筋，更不會庸人自擾。在現實生活中，每個人都可能遇到不順心的事情，有率直心胸的人在遇到困難時總是以坦然、鎮定、理智的態度去面對。

具備率直心胸，就不會感情用事，減少產生爭執的原因。即使無意間說了傷害他人的話，也會以率直心胸來化解。

總經理培養並具備率直的心胸，不但會有寬容的氣度，也能用公正、客觀的態度辨別是非，並以負責的精神工作。

(3) 總經理要有寬容的個性

寬容首先表現在對人的個性的接納，允許別人有與自己不同的性格、愛好和要求，不強求別人和自己一樣，對別人吹毛求疵，有能欣賞別人特點的能力。

在世界上，不會存在性格氣質完全相同的人，在一個領導團隊裡，每個人的個性也是不一樣的。在性格上，可能有內向和外向之分；在氣質上和工作能力上也各有各自的特長和不足。由於差異，有人做事可能果敢、俐落，性格剛強，辦事效率高，但無韌性；有人做事可能周到細膩，性格柔韌，辦事效率不高。如果在領導工作中能看到彼此的特點，互相配合好，就能彌補各自缺陷，既把事情做好，又能和下屬打好關係，使領導團隊顯得充滿活力，讓人對團隊有一種配合默契的感覺，對各個領導風格有一種欣賞心理，使領導團隊的感召力大大增強。

因此，總經理有寬容和相容的胸懷，就會使所屬團隊中每個人的個性充分發揮而又不影響團體的發展。就像一個好的園丁，在他的花園裡有百花齊放的景象，有爭奇鬥豔的風景。人們光顧這裡時，有一種賞心悅目的感覺，對園丁的管理技術充滿敬意，因為他既把每一處景致合理的發展，又培育出了萬紫千紅的整體景觀。

相反，如果總經理不理解他人的個性，不能容納他人的特點和要求，就使人們之間的關係變得不融洽，甚至出現裂痕，給工作帶來嚴重的後果。

(4) 總經理要追求良好的人生之道

追求良好的人生之道是總經理進行人生境界修練的重要一環。人也好，物也好，按照黑格爾「存在即合理」的名言，總經理應以一種正常的心態去對待，循自然的理法去不斷實踐，找出改變世界的方法。

(5) 總經理要學會改造自我

① 勤學苦練

不斷學習知識對現代社會的總經理來說，是十分必要的，它是培養良好心理素養的重要途徑。然而，學習畢竟只是一種理念上的、停留在認知層次上的東西，它還沒有透過行動逐漸融入到人的本質中，沒得到鞏固，是一種飄忽不定的，沒有穩固下來的感受、認知。所以總經理不僅要注意學習，更要重視苦練。苦練本身就是一種更深一層次的學習。只有勤學苦練，才能培養主管必須具備的意志品格。

② 更新觀念

目前社會一切均呈現出多元化的狀態，許多現象並存。人們看待問題，評價事物的標準都發生了很大的變化，人們已能接受以前許多不理解或認為不合理的事情存在，這意味著人的價值標準、道德標準等等都在發生變化。然而，社會上仍有一部分人的觀念沒有轉變過來，看不慣社會上的一些事情，對他人的行為要求非常苛刻，對一些事情會產生一些強烈的義憤情緒，在工作中、生活中難以心情舒暢，使自己有一種被社會拋棄、落伍的感覺。因此，更新觀念直接關係到人們如何去觀察問題、認知問題和解決問題，關係到對自己對他人的情緒反應和寬容程度。作為現代主管有必要適應潮流發展，更新陳舊的觀念。

(6) 總經理要培養 EQ

據國外的研究顯示，決定一個人成功與否的因素，IQ（智商）只占 20% 的作用，而 80%取決於社會因素和人格因素，即所謂的 EQ（情商），即人的感情、意志、人際關係等。EQ 的出現，打破了 IQ 決定人終身成就的結論。因此，總經理必須培養較高的 EQ。

(7) 總經理追求真善美的統一

真、善、美的統一是總經理領導實踐的結果。這個實踐既表現為客體原型的加工改造，又表現為主體需求的不斷修正、完善、臻美。因此真、善、美的統一，是總經理達到人生修練的最高境界。

(8) 總經理要了解自己的性格和氣質

性格和氣質反映了一個總經理的基本精神面貌。總經理氣質性格方面的特徵會給工作打上特有的個性痕跡，因此總經理必須注意自己的氣質和性格方面的素養和修養。

總經理氣質與性格表面看來是與總經理的領導工作無關，但它們都對總經理的個人形象和領導事業是否成功，有著不可忽視的作用。所以，總經理在平時工作中應不斷加強對自己氣質與性格的培養，但這種培養要根據自己的特點而進行。

> 想坐穩自己的總經理寶座，就不要時時擺你的「官架子」，那樣會使你和下屬之間產生一道無形的厚牆，不但不能征服人心，反而會使人們離你越來越遠。這樣，你的權力威嚴也隨著距離的產生而減弱了。

第十門藝術：合理搭配人才

一個懂經營管理的總經理，在分配工作上也是一個高手。他能將員工的工作分配得井井有條，而且人員搭配上也很合情合理。

如何做好人才的搭配呢？

(1)　常檢討個人負責的工作內容，適當估計工作的質與量，以求分配平均。

(2)　考慮到某份工作所需完成的時間。

(3)　若派與其他工作，會先考慮員工本身工作進行的狀況而定。

工作如果分配得不妥當，就易造成不滿的情緒。分配工作雖是小事，卻與從業人員的士氣大有關係，千萬不可忽略。

企業主管在使用人才時，應重視人才的合理搭配。即按照企業的經營目標，採取相關人才組合，合理搭配人才，使企業內各種專業、知識、智慧、氣質、年齡的人員，組成一個系統的整體優化的人才團隊結構，相互切磋、相互啟發、互相補充彼此激勵，產生一種較強的「凝聚力」。這樣做，不僅能充分發揮每一個人的個體作用，而且可使團隊作用功能達到１＋１＞２的狀態，並在整體上取得最佳的客觀功能。特別是企業在進行新產品開發、技術革新和改造、現代化大型設備的設計和製造等活動時，企業主管如能合理組合人才，形成具有最佳結構的人才團隊，就能發揮科技人才的團體智慧，聯合攻關使之奏效。

企業總經理在合理搭配人才時，應注意幾點：

(1) 防止「核心低能」

核心往往能夠決定團隊的整體功能。

「兵一個，將一窩」，拿破崙一語道破了「核心」的重要性：「獅子領導的綿羊部隊，能夠打敗綿羊領導的獅子部隊。」

(2) 要防止「方向相背」

對於一個人才團隊來說，要有團隊存在的依據和「結構目標方向」。如果「相背」、不一致，就會相互推諉、相互拆臺、相互掣肘，結果必然會降低整體效能，出現１＋１＋１＜３的效果。

(3) 要防止「同性相斥」

正確的方法應是實現「異質相補」。十個只懂數學的數學家，只不過具備數學才能；而由數學家、物理學家、化學家、文學家、經濟學家、工程技術學家等組成的十個人才的團隊，將產生更大的功能。除了知識、才能的互補，還有年齡、氣質等方面的互補。

(4) 防止「同層相抵」

如若某層的成員過剩，會因層次比例失調，而降低整體功能。其基本後果是「大材小用」、「降格使用」。如某一個企業中，只有高級工程師或工程師，而缺少助理工程師和技術員。那麼這些高級工程師或工程師整天忙於本來應由助理工程師和技術員擔當的工作，怎能有時間去考慮企業新產品開發和技術改造等重大問題呢？這就是高級、中級、初級知識水準的人才不配套所造成的人才浪費。

總經理在用人時一定要做到心中有天秤，做到人盡其才，避免大材小用、小材大用，更好的發揮人才效益。

讓合適的人做合適的事，才能有效發揮人才的價值。

第二章
總經理的七張王牌

如果一個人能夠使周圍的人都覺得自己很重要，那麼，他本人其實就更重要。

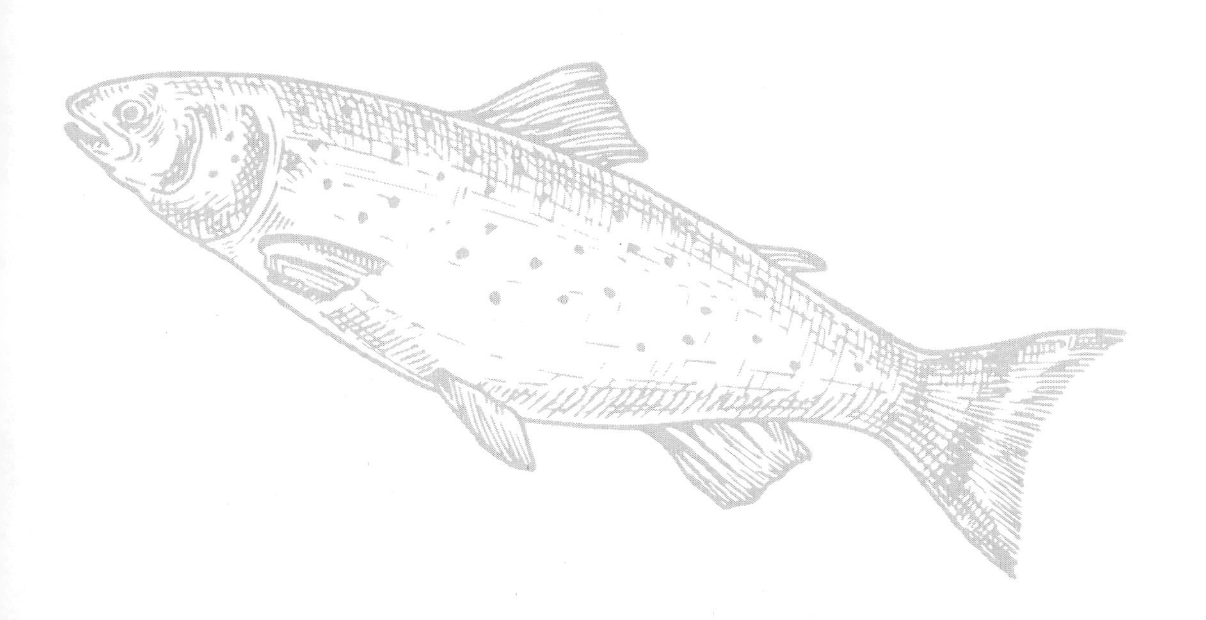

第一張王牌：人格

沒有高尚的人格，便沒有崇高的事業；沒有高尚的人格，就沒有幸福的人生。

生活中，每個人都很注重自己的「人格魅力」，身為總經理更應如此。應不斷為自己的人格魅力添姿著色。

身為總經理就要嚴於律己，從一點一滴做起。時時關心部下，將他們的冷暖放在心上，涉及到一些與個人利益有關的小事不要計較得太多。對於總經理來說，沒有什麼會比贏得下屬們的擁護和愛戴更為重要的了。

每個總經理都應當明白：一旦擁有了人格魅力，在無形之中就等於建立了自己的競爭優勢，如果你能給很多人留下深刻的印象，那你自然與他人建立合作的可能性就增加了。同時，你往往能更有效率來協調人際關係，影響力也就會更大，也就更容易給對方留下難以磨滅的印象了。

有人格魅力的人往往能夠在成功的道路上暢通無阻。所以，培養你的人格魅力，使自己成為有人格魅力的人是你走向成功的重要基礎。這就叫「人格魅力資本」。

一個才華橫溢的人可能讓你折服，你也可能會被一個妙語連珠的人所傾倒，你更可能對一個性情溫和、充滿寬容與友愛之心的人留下深刻的印象。所以，構成一個人人格魅力的最核心因素往往不僅僅是天賦與才華，更重要的是一個人的人格、一個人的個性。

一談到人格或者個性，往往會有很多人感到失望，因為他們認為個性或人格是天生就有的，是很難改變的東西，所以要透過個性的培養成為一個有人格魅力的人實在是困難。這種說法也不無道理，但不完全正確。改變一個人的個性是很難，但不是沒有可能。如果我們能夠以積極的心態去面對這個問題，那麼我們就不會認為這一切是不可改變的了。如果你朝著改變自我的方向上不懈努力，那麼你終究會成功的。

如果我們能去改變這已形成的人格，就能夠創造出新的個性。但大部分人的想法，主要是不想改變自己那種與生俱來的天性。人人都希望自己成為一個精力充沛、充滿理想、信心十足的人，都想成為極富人格魅力的人。但卻很少有人真正在這個方面進行努力，因為人們常常好滿足於現狀，一遇到改善自我的新想法時，就會毫無意識得自我保護起來。很多人都想學習有人格魅力的個性、都想成為內涵豐富的人，但他們又往往採用舊的習慣而不願有所改變。這是因為已有的人格往往根深蒂固，積習難除。正如威廉 · 詹姆士所說：「人希望自己所處的狀況更好，卻不想去實現。因為，他們被舊我束縛著。」

生活中有很多人希望並有勇氣改變自己的個性，讓自己做一個有魅力的人，但他們不知道從何做起。

通常情況下，每個人的個性都是一點一點形成的。每個人的個性都是由一個個細小的方面構成：你怎麼說話；你如何對待他人；你在飲食、睡眠方面有哪些習慣；你如何對待不同的意見；你喜歡什麼樣的生活方式；你在商業行為中習慣扮演什麼樣的角色；你是否總是露出微笑等等，這一切的綜合就構成了你豐富的個性。既然你的個性是由若干個細小的方面決定的，那麼如果要改變的話，也要從每個具體的方面開始。如果從明天開始，你能使你自己的說話方式變得更溫和，使你自己的飲食更有節制，使你自己對別人更有熱情，並且持之以恆，那麼你本來的個性就會逐漸被消磨掉，而更具人格魅力的新個性就會形成。

想法、行動、感情構成了人格的三大基石。所以若想要從具體的某個方面來改變你的個性，還要在想法、行動與感情方面進行努力。你的外在表現，也就是你人格的特徵，不是由當時當地的環境決定的，而是由你的內在的想法創造出來的。你能否改變自己，主要不是由於別人是否責罵你，而是你自己本身是否想改變自己。所以說是你的想法創造了你本身，使你成為今天這樣的個性。可能你現在還沒有意識到，但你仔細想想，是不是由自己的主觀想像就會改變自己的人格呢？你為什麼不受人歡迎呢？可能你的想法首先就不被人所接受。為什麼有的人會人格魅力四射呢？首先是他的想法，其次才是其他條件的配合，使他引起了人們的普遍注意。把自己變成一個有人格魅力的人，就要從自我的想法改起，只有這樣，你才會被人所接受，也就真正有了人格魅力。

別人又怎樣評價我們的人格魅力呢？他只有透過你的行動 —— 你的說話方式、你的做事方式、你的臉部表情才能給你一個評判，才能使他們心中形成一個印象。

行動是造就你人格魅力的關鍵，因為只有透過行動你才能改善自身。透過很多小的行動、透過人格的訓練、透過對自我行為的反思與調整，你就可以創造新的自我，使你自己變得更富有人格魅力。

什麼是人格魅力？人格魅力就是別人對你的看法，他們透過你的外在表現、行動與想法，對你產生了喜歡以至某種帶有神祕色彩的感情，所以人格魅力本身是一種感情。而別人對你的感情是與你對他們的感情高度相關的。如果你的感情特徵是積極的、友善的、溫和的、寬容的，那麼你的人格魅力就會大增；反之你就會成為一個不受歡迎的人。所以感情也影響了人格的很大部分。

人格魅力更是一個人精神和品德的內在屬性。一個人精神和品格的吸引力，根本在於個人的喜愛、仰慕和渴望接近的性格品格。尤其身為總經理，具有人格魅力的總經理，能像磁石般使眾人聚集在他的周圍。

一般來說，一個有魅力的主管應包括以下幾種人格特徵：

(1) 氣質美

氣質是一種精神因素的外部展現。如果一個人具有一定的文化教養、理想抱負、情感個性等等，就更能顯示出「氣質美」。

(2) 語言美

語言是人的力量的統帥，是表現人的風度的重要載體和手段，它能塑造人的各種不同風度，而風度又能使語言的色彩和力量得到極大發揮。所謂語言美，主要指說話文雅、用字恰當、口氣和藹熱情、措辭委婉貼切、態度誠懇謙遜、尊重別人。

語言風度是指一個人內在氣質的言語表現，是其涵養的外化。一個人風度翩翩，會使她具有強烈的人際吸引力，使人仰慕不已。使自己的語言具有風度，是塑造語言形象的重要途徑。

風度是一種品格和教養的展現，培養語言風度，首先要提高修養。此外，要使語言風度與自己的性格特徵相吻合。風度是一種性格特徵表現，各種不同的風度增添了人們交際的風采。我們要使自己成為成功、高雅的交際者，就應根據各自的氣質、性格、特點來塑造自我風度，切勿東施效顰。正如卡內基所說：「不要模仿別人。讓我們發現自我，秉持本色。」

(3) 行為美

在公共場合，除儀態端莊大方外，還必須講文明、懂禮貌、熱心維護社會主義公德。如不隨地吐痰，不亂扔果皮及其他髒物，以維護公共衛生；不大聲喧嘩、擁擠以維護公共秩序；在乘車、購物、看電影、遊覽名勝古跡等活動中，都要注意行為美。在平時待人接物上應熱情相待。人們總是喜歡那些謙虛謹慎、舉止能順乎自然的人。

那麼，一個人該怎樣培養優美的風度呢？

(1) 從塑造美好心靈開始

一個人潛藏於內心深處的靈魂境界（諸如人格、人品、情操、格調）的高低，可以直接影響到一個人的風度。培養風度，先要培養人格。為人正直、坦率、表裡一致、恪守信用，這是最基本的。此外，人品的好壞直接影響人的風度。人品包括責任感、任務感、團體感、榮譽感、知恥心等。人格和人品都是精神美的展現。

(2) 培養聰明才幹

古人說：「腹有詩書氣自華。」一個有深厚教養和堅定信念的人，自然能展現出非常吸引人的美的風度來。你應在培養聰明才智方面多下工夫，只有如此，才能使你的風度充滿智慧的光環，顯示經久不衰的魅力。

(3) 自身個性與社會角色的關係

由於個人的個性是由許多複雜因素共同作用形成的，所以會展現出不同的個性，個性不同，態度迥異。心理學原理告訴我們，任何一種個性、氣質都有其優點，也有其缺點，一個人的氣質往往是比較穩定的。培養風度美，不是要強求個人改變原有的個性和氣質，讓人套入一個刻板的模式中，而是引導人們依據自身的個性和氣質特徵揚長補短，塑造具有鮮明個性特徵的風度美。另一方面，每個人置身於特定的社會環境，而不是在「真空」中生活，每個人的個性、氣質都是在與之相關聯的人與人的社會關係中展現出來的。人在不同的人際關係中，充當著不同的社會角色，而不同的環境、場合、氣氛，對人的個性、氣質也有著嚴格的限制、不同的要求，並不是由著個性任意表現的。如嚴肅的場合，需要有嚴肅的態度；輕鬆愉快的氣氛中，需要有活潑幽默的態度；對老人要有比較穩重的態度；對孩子應有親暱的態度……

種種交往關係、場合決定態度的不同要求。因而，一個人在複雜的社會環境中是多角色的，充當什麼樣的社會角色，就應有什麼樣的風度要求去表現，否則便會醜態百出，貽笑大方。

> 人格的偉大和剛強只有藉矛盾對立的偉大和剛強才能衡量出來，心靈從這對矛盾中掙扎出來，才使自己回到統一。
>
> —— 黑格爾

第二張王牌：幽默

當別人取笑你時，就笑你自己吧！表現出一個領導者所具備的幽默力量。但是，笑你自己並不指以自己為中心。以關心他人為中心，來邀請他們和你一起笑，你就能引發出足以激勵別人的幽默力量。

幽默，可以使人們會意的發笑，使他們覺得輕鬆，氣氛自然也就融洽了。在一個氣氛融洽的環境裡工作，無論是工作積極性還是工作效率都會有很大的提高。

在日常的生活工作中，如果你能恰當的與同事們開個玩笑，幽他一默，他必然會覺得你很隨和，願意和你接近。這樣你才能夠真正了解他們，與他們好好進行溝通，這對於你的工作來說也是極其重要的。

幽默不僅會給我們的生活帶來笑聲，帶來歡樂，而且還會使我們拓寬人際關係，成長才幹，在人生的歷程中獲得成功。

美國心理學家赫德 · 特魯寫過一本《幽默就是力量》的書。他認為，幽默是藝術，是運用你的幽默感來改善你與別人的關係，並增進你對自己真誠的評價的一種藝術。

幽默在總經理工作中可以起到如下幾個方面的作用：

(1) 堅定員工的信念，鼓舞士氣，振作精神，消除疑慮

一些主管在做說服別人的工作時，總喜歡一本正經，面容嚴肅認真，這不會給談話帶來好處。

他們認為，自己的身分是主管，是主管就不能隨隨便便，嘻嘻哈哈。他們把說服別人當做一項任務來看待，完成一項任務自然就要規規矩矩。

工作也是一種生活，既然是生活，我們為什麼不過得開朗活潑一點呢？適當的幽默是一種很好的調料，可以幫助說服工作順利進行。

假如你在說服別人的時候，已發覺氣氛非常緊張沉悶，雙方都有些透不過氣來，那麼，為什麼不隨口道出一句幽默的話語，或做一個輕鬆的表情呢？只需要做一下這樣的努力，死氣沉沉的場面馬上會有所改觀，綳緊的神經也會放鬆下來，說不定，你的勸說對象這時的心理已經發生了微妙的變化，開始怦然心動。

(2) 提高總經理的威望

幽默不僅僅給我們帶來了快樂和笑聲，其中還常潛存著更有助於提高總經理威望的一種力量。

(3) 調節人際關係

我們都知道，人與人之間不可能不存在矛盾，特別是主管和員工之間。如何解決矛盾，成了經理們頭痛的難題。其實如果學會方法解決起來並不難。在雙方僵持不下時，採用巧妙的方法將嚴肅的焦點轉化為幽默詼諧的形式，以此來緩和氣氛，製造轉機。如果糾紛雙方是為了一個嚴肅的問題而互相爭執，那麼這個問題的嚴重性帶來的壓力往往會加深他們之間的相互敵視，促使他們更加堅持己見、互不示弱，為了打破這種僵持不下的局面，調

解方應該採取巧妙的方法將嚴肅的爭執點轉化為詼諧幽默的形式，使雙方的心理壓力得到緩解、氣氛變得輕鬆，為問題的解決製造轉機。

在說服工作遇到困難的時候，恰當的幽默很可能起到化學反應中的催化劑作用，加速困難的融解、轉化，從而促進說服工作快速達到目的。

如果你自認為自己的幽默本事還不足，也不必煩惱。誰剛生下來也不會是相聲大師，只要自我培養，幽默感就會得以逐漸加強，你的語言也會增色不少。

當你運用幽默力量去幫助別人更有成就時，你會發現不僅更容易將責任託付給人，而且能更自由發展有創意的進取精神。幽默力量能改善你的將來——因為你的屬下或同事會認同你，感謝你坦誠開放的能力，分享你幽默中所包含的趣味思考。

幽默，說到底，是一個人智慧的表現，是修養、學識、品格等方面才識的結晶。切莫小看有的總經理隨機發揮的三兩句簡短的幽默的話，其實它蘊含著言者平時勤奮好學、博覽多識、日積月累的心血。一個總經理只有平時善於學習，善於觀察，善於累積，不斷充實和豐富自己，才能真正學會幽默的藝術。

> 只要我們活著，我們就要保持幽默感。
>
> ——愛因斯坦

第三張王牌：寬容

寬容是人類應該具有的一種修養，一種美德。寬容來源於勇敢，來源於善良的心。寬容是融解人際間冰塊的一劑良藥。

在人的一生中，誰都會犯錯誤辦錯事。當人們做了錯事，做了對不起別人的事的時候，總是渴望得到別人的諒解，總是希望別人把這段不愉快的往事忘掉。因此如果自己遇到別人有對不起自己的言行時，就應該設身處地、將心比心來理解和寬容別人。

總經理在管人上，切忌一棒子打死人，因為任何一個人都會有情緒低潮、提不起勁、無法完成主管所交待的任務的時候。而且，同樣一件工作，有時候也會因時機、負責人的不同而出錯。所以身為總經理，要給人機會，給人出路。

有的總經理在激勵下屬時總是這麼說：「現在，正是我們公司關鍵時刻。各位要努力加油啊！」

剛開始的時候，這番話的確有不小的作用，大家都非常努力，兩年下來，就沒有人再願意拚命了。因為大家早就聽膩了那套老掉牙的說法了。其實從第二年開始就應該想些別的方法，而且是依每個人不同的個性加以個別輔導。

然而實際要做的時候就不那麼簡單了。就拿遲到這件事來說。你能隨隨便便罵一個一年遲到一兩次的人嗎？你能罵一個因為妻子突然病倒或是碰上交通堵塞而遲到的人嗎？這麼一想，到底什麼時候可以罵，什麼時候不能罵？僅判斷這個就已經很難了。而且有時候還會產生相反的效果，帶來不良的副作用。

那麼，到底該怎麼做才好？直接去問下屬 —— 這就是要訣。

「你怎麼會做這種事？到底是怎麼回事？」

很多時候你可以在下屬的回答中找到問題的答案和解決之道。

「事實上是因為我忘了上鬧鐘，所以就睡過頭了……以後我會注意不再犯這種錯誤。」如果下屬很誠懇的道歉，你就一笑置之，不需要再責備他了，因為他已經有心要注意不再犯同樣的錯誤了，就表示這件事到此結束，他以後會準時上班。

「這陣子很容易疲倦，有時候會失眠，再加上胃部不舒服，所以我想請假休息一段時間，到醫院去做個檢查……」如果下屬是因為這種情形遲到的話，就不單是就業規則的問題，而是牽扯到健康方面的問題了。而且必須考慮到的不單是生理方面的問題，精神方面的健康管理也應該列入考慮範圍。有時候甚至可能是因為家庭失和、賭博、女人或工作上的煩惱等原因造成的問題。如果不仔細找出真正的原因，是沒有辦法採取最有效的措施來解決下屬的問題的。

然而下屬不一定都會對你袒露實情。因此，也不能單聽他一面之詞就馬上偏聽偏信。應該把他說的話當做部分來參考。

仔細觀察他在回答時的所有反應，包括沉默、狼狽、嘆息等神色，然後在你繼續問他的時候，可以再加上一句：「事情真的是你說的這樣嗎？」如果能確實掌握住問題的重點，事情就會變得出乎意料的簡單，他會把所有的事情都說出來：「事實是這樣的……」既然了解問題出在哪裡，就可以相互討論解決的對策。如果能輔導他自主解決問題的話，問題自然會迎刃而解。如果總經理一味相信自己的權威及經驗，擅自揣測對方的困擾的話，事情會演變成什麼樣？

下屬出錯，不是不可以，但下次絕不可以。這是總經理管人的原則，即不能一次出錯就一棒子打死人。

古語說：「宰相肚裡能撐船。」對於現代人來說，主管的肚子裡要能開火車才行。對於具有不同脾氣、不同嗜好、不同優缺點的人，你要學會團結他們，因為你是一位領導者，你必須具備一顆平常之心。

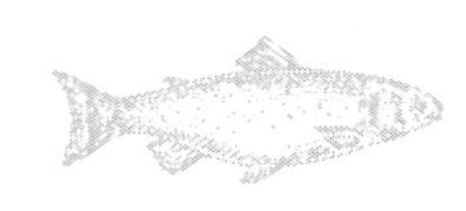

如果你的下屬看不起你，不尊重你，並且還和你鬧過彆扭，甚至你吃過他的虧，上過他的當，你仍要把握好自己的心態，去團結他。

也許你會說：我也曾努力試圖這樣做，但我就是做不到。

是的，這樣做，也許對你來說太苛刻了。但是你想一想，當你走進一家百貨商店購買商品，或者到一家酒店接受服務，如果服務員對你態度溫暖如春，你自然是心情舒暢，十分滿意。如果對方是一副鐵板一般冷冰冰的面孔，話語寒人，對你的合理要求不理不睬，進而聲色俱厲，你又會如何應對呢？

這種情況下，生氣是很難免的。如果你每每遇到此類情況，就和對方大吵大鬧一場，最後以悻悻離去而收場，冷靜下來，仔細想一想，難道你不該捫心自問：這樣兩敗俱傷，又何必呢？

其實仔細考慮一番，事情就是這麼簡單。

領導者只有敞開胸懷，團結各種類型的人，包括那些與自己有隔閡、有矛盾，甚至經常對你評頭論足、抱怨不息的人，才能群策群力，集思廣益，使自己所在公司的事業和自己的工作與日齊升。

任何一位偉大的事業家都具備寬容的大度，只是有時我們沒有注意到罷了。

如果你的下屬義正辭嚴指出你工作中的錯誤，你會怎麼辦？認為他使你難堪，挑戰總經理權威而暴跳如雷，並且發誓以後一定要還以顏色？還是認真聽取意見，即便是他所提出的觀點並不成立，仍然表現出一種寬宏大量，對這一切並不計較。

聰明的總經理當然會選擇第二種答案。在你的團隊中，不可能每個人都會覺得你很優秀，而尊重你，佩服你。總有一些人會背著你做一些於你不利的小動作，對這一切你大可不必太緊張。將這些暫時拋開，與他進行一次認真的溝通，表現出你的寬容，他一定會被你的言辭所感動。

「己所不欲，勿施於人」，希望別人寬容自己，自己也應該寬容別人，不情願別人苛求自己，也就不應該苛求別人。「將心比心」，「責人之心責己，愛己之心愛人」，就一定能豁達的寬容別人了，寬容不會失去什麼，相反會真正得到；得到的不只是一個人，更會是得到人的心。

西方有一條為人處世的「黃金規則」:「你待人當如人之待你。」確實，別人對待你的方式是由你對待別人的方式決定的。

總經理只有在有權力責罰卻不責罰的時候，才是一種寬容；只有在有能力報復卻不報復的時候，才是一種寬容。任用人才的一大寶典，就是要有這種寬容的品德。

一個人能夠做到不仗勢欺人，甘願請暗算自己的魔鬼吃櫻桃的度量，將會取得偉大的成就。這種內在的優良品德，發揮出來的能量，就是人們常說的「大度」。

測量一個人物的成功大小，必須以寬容的標準去衡量他。只有對人寬容，才能更好的掌管人、使用人。「以恨報怨，怨恨就無窮盡；以德報怨，怨恨就會化解。」這是佛經的要旨、處世的準則。

> 寬容並不是姑息錯誤和軟弱，而是一種堅強和勇敢。
>
> ——作家／周向潮

第四張王牌：信任

人們在不斷用人實踐中探索出一條準則：對真正所用的人，要給予充分的信任。信任，是每個人的一種精神需求，是對人才的極大褒獎和安慰。它可以給人以信心，給人以力量，使人無所顧忌的發揮自己的才能，從而創造出更多的價值。

傳統文化一直把待人處事、待人接物，當做一門大學問。有副對聯寫道：「世事洞明皆學問，人情練達即文章。」可見，人情、待人，是多麼的重要。待人的基本態度是以誠待人，尊重對方，切忌弄虛作偽。誠實守信自古就被傳為美德，在社會主義新時代，我們更賦予了它新的意義，即對企業、對同事、對朋友、對所有的自己人，都應誠實守信。

同時，身為總經理，也要對其下屬的行動表示充分的信賴。用人不疑、保護和支援人才，是一種強大的激勵手段。因為人一旦被信任，便會有一種強烈的責任感和自信心。尤其是上級對下級的充分信賴，就是對下級最好的獎賞，它將形成一股促使下級努力工作的強大動力。因此，可以這樣說，信任是一種催化劑、助推器，它可以加速蘊藏在人體深處的自信力的爆發，而這種自信力一旦爆發，工作起來就可以達到忘我的競技程度。

聰明的總經理，總會選擇最恰當的方式來表示對人才的信賴，主要有以下幾種方式：

(1)　在大庭廣眾之中、眾目睽睽之下，總經理有意識的製造最「隆重」的氣氛，將最困難、最光榮的重要工作交給某位同事，使他覺得這是對他的最大的「信任」。

(2)　在某位同事完成任務以後，前來向總經理匯報經過時，總經理有意識的不聽他的工作匯報，而是說：「你辛苦了，先不忙匯報，好好休息一下吧。」並且真正給他一點額外的但又不過分的「照顧」。

(3)　在聽到別人對自己下屬人才的不公正的「非議」時，總經理應當旗幟鮮明的予以駁斥，並且一如既往任用他。

(4) 在下屬屢遭挫折、工作進展不順利時，總經理應當及時提供必要的支援和幫助，絕不中途「換人」。

(5) 其他靈活巧妙的行為方式。

總之，總經理用行為來表示對員工的信賴，比用語言來表白信賴效果要更好。另外，關心下屬也是非常重要的待人方法。

身為總經理，當你看到下屬獨自加班到深夜時，你會如何表示？也許只要說一句：「加油吧！」必能使下屬感到極大的安慰和鼓勵。視時間和場合不同，有時讓他暫時停止工作可能會產生更好的效果。

一般而言，既努力工作而又懂得玩樂的人，必是精明幹練之人，他善於將工作及休息作適當的安排和調整。

要知道，充滿幹勁，執著工作固然難能可貴，但絕不能陷於固執。因為，當人們固執於某事時，就會感到身不由己，對於事物的觀點也會變得固步自封。但如果能在工作之外，盡情遊玩，避開固執的念頭，便可恢復以新奇的眼光觀察身邊的事物的活潑心態。

然而，對於工作閱歷較淺的下屬而言，與其說是不善於轉換此種心境，不如說是不善於把握此種轉變的動機。當工作陷於僵局時，越是想以固執的幹勁予以克服，對於事物的觀點往往越是局限、狹隘，並使原有的意願大打折扣。上司目睹此種狀態時，不妨利用適當的時機轉換其心境，這也可說是身為總經理應有的職責。所謂轉換心境，就是令下屬立即停止工作，但也沒有帶其飲酒作樂的必要。當然，也可將一件小事轉交他去辦。總之，只要立即中斷其陷於僵局的工作即可。如此一來，當其重新回到原來的工作上時，必然可以透過不同的角度，找到解決問題的辦法。老百姓有句俗話：「猛火烤不出好燒餅。」用在這裡倒是非常貼切。

企業總經理對手下人，既想利用他的才能，又對他放不下心，總認為人家與你離心離德，這是管理者用人之大忌。

用人，信任人，就可以使被用人與用人者把心思和力量共聚於一點，共同創造偉業，取得勝利和成功。松下幸之助說過：用人的關鍵在於信賴，如果對同僚處處設防、半信半疑，則將會損害事業的發展。他認為，要得心應手的用人，就必須信任到底，委以全權。

對所用的成員要以誠相見。對於人才一旦委以重任，就要推心置腹、肝膽相照。只有相互信任，才能形成上下「協力同心」的大好局面，才能贏得人才，使之忠心不渝的獻身事業；切忌對部下懷有戒意，妄自猜疑。

身為主管要給受挫者成功的機會。世間任何人的經歷，大都不會一帆風順，常勝將軍是不多見的。受任者任務完成得不好，或出現失誤，總經理一定不要大驚小怪。只要幫助他正確對待，認真總結經驗教訓，下屬必然產生有負總經理重托的自責感和將功補過的決心，勢必為今後工作打下良好的基礎。

總經理不會被俗議所左右。總經理與屬下都生活在塵世中間，世俗之眾對人皆免不了七嘴八舌、說長道短。為總經理所任用的人自然也是被議論的對象。有出於妒忌心理或出於自身利害，散布流言蜚語，甚至無中生有，惡意中傷。這時總經理如果頭腦不清醒，就會為俗議和讒言所左右，對所信任的人產生懷疑。

總經理要信任下級，放手讓下級大膽行動，發揮其主觀能動性和創造能力。

一定要記住：關鍵在於信任。

一般說來，人在受到信賴的時候，都會產生快樂和滿足的感覺，進而誘發出全力以赴的心情。

可以肯定的說，對別人信而不疑的人，如果具備了力量和睿智，那麼被信賴的人就很難產生「離心」的念頭。他不僅會被上司信賴自己的態度深深打動，而且會被上司的能力和成就深深吸引。

說到底，一個真正信賴別人的人，一定也會受到大多數人誠心誠意的信賴。畢竟，人是感情動物，幾乎每個人都有「投桃報李」、「以心換心」的想法。相反，那種漠視他人對自己的信任、時刻想利用總經理對自己的信任的冷血動物和卑鄙之徒，只是成千上萬人中的極少數。

因此，身為總經理，當你面對下屬的時候，理應樹立信賴他們的觀念，以自己的誠心和人格魅力影響下級，打動下級，與下級產生心靈上的共鳴。「士為知己者死」，從古至今都是一樣的道理。

> 信任別人的人，比不信任別人的人，要犯較少的錯誤。
>
> —— 卡烏爾

第五張王牌：理解

理解是一種欲望，是人天生就具有的一種欲望，人一旦得到了理解便會感到莫大的欣慰，更會隨之不惜付出各種代價。

仁愛無價，理解萬歲。相互理解，什麼事都好辦。為了牢牢建立起良好的人際關係，領導者務必和下屬認真溝通。如果你想節省下那份精力，必然無法和對方締結相互領會、志趣相投的關係。

無論是領導者之間的溝通，還是下屬之間的溝通，或者是領導者與下屬之間的溝通，對於企業來說，都很重要。無論哪一環出現波動、失去溝通，都會影響到企業正常的運轉。

當有些領導者和下屬的關係出現滯澀時，動輒抱怨說：「這個人不肯與主管溝通。」然而，如果冷靜觀察就會發現，實際上管理層拒絕與下屬對話的情形甚多。「我們向來都採用這個方式」，或「你說這話早了十年！」有些領導者經常以這種口氣，強迫下屬接受自己的想法。下屬完全無法感受到領導者願意商議的態度。

另一方面，下屬會認真尋求溝通。倘若對自己受到差遣的工作心存疑惑，「為什麼我必須做這件事呢？」下屬會以單純的心境詢問上司。「這種事情，忍一忍吧！」如果領導者不分青紅皂白斥責，下屬當然會心裡不痛快。自己原想探求答案卻被教訓一頓，任誰都無法接受。

下屬們尋求的是事實，而非教誨。他們心裡感到難受的原因，並不在於討厭那份工作，而在於不明白必須做那份工作的理由。

有些領導者對此卻心存誤解。由於抱著下屬討厭工作的成見，因此拒絕利用語言作說明。即使被要求說明，領導者總是簡單加以拒絕，最終以「閉上嘴巴工作！」而收場。然而，領導者如果能捨棄成見，從正面聆聽下屬的問題，雙方的溝通必定可以獲得成功。下屬們希望獲得合理的解釋，只要領導者能說明到他們理解為止，彼此自然可以相互接納。

在你的團隊中，你更要試著去了解你的每個下屬，理解每個下屬。每個人都會有自己的麻煩與困難，當他們身陷其中時，當他們的某些個人利益與你的部門或是與你本人的利益發生矛盾時，其實他們也感覺到非常的為難，而且會令他們無所適從。這時，你身為他們的總經理，就要展現出一位總經理的博大胸懷，多體諒他們，寬容他們。你的理解很容易就能打動他們，因為這個時候他們的心靈恰恰是最脆弱的時候，需要的就是別人的理解和安慰。所以，不要過於死板，更不要過於計較某些小的利益，而是去理解你的下屬吧，讓他們感覺到你給予他的理解和寬容，施捨一點你的理解同情之心，你又不會有所損失，何樂而不為呢？

> 理解一切便寬容一切。
>
> ——羅曼．羅蘭

第六張王牌：激勵

身為一名領導者，如果能讓你的下屬工作起來熱火朝天、勤懇賣力，你的事業就會蒸蒸日上。這時候，可千萬不要吝惜你腰包中的鈔票，也不要吝惜你的讚美和誇獎之辭，要不失時機對你的下屬進行物質獎勵和精神鼓勵，使他們覺得他的付出並沒有隨著汗水而付諸東流，而是有一種成就感;同時，獎勵和鼓勵工作勤懇的下屬，也是在告訴其他的下屬，在工作中，你多付出一份汗水，就會多一份收穫。

適度而有效的獎勵，可以在最大程度上激發和保持下屬工作的主動性和積極性。學會激勵下屬，正確運用這種方法，是領導者的一種行之有效的管理手段。這一點，我們在前面已經談過。

當然，激勵並非一定是物質獎勵或者提拔他們到基層的管理職位。在生活和工作中，領導者採用一些其他的手段照樣可以達到激勵的目的。例如：

(1) 向他們描繪遠景

領導者要讓下屬了解工作計畫的全貌及看到他們自己努力的成果，員工越了解公司目標，對公司的向心力越高，也會更願意充實自己，以配合公司的發展需要。

所以領導者要弄清楚自己在講什麼，不要把事實和意見混淆。

下屬非常希望你和他們所服務的公司都是開放、誠實的，能不斷提供給他們與工作有關的公司重大資訊。

若未充分告知，員工會對公司沒有歸屬感，能混就混，不然就老是想換個新的工作環境。

如果能獲得充分告知，員工不必浪費時間、精力去打聽小道消息，也能專心投入工作。

(2) 授予他們權力

授權不僅僅是封官任命，領導者在向下屬分派工作時，也要授予他們權力，否則就不算授權，所以，要幫被授權者消除心理障礙，讓他們覺得自己是在「獨挑大梁」，肩負著一項完整的職責。

方法之一是讓所有的相關人士知道被授權者的權責；另一個要點是，一旦授權之後，就不再干涉。

(3) 給他們好的評價

有些員工總是會抱怨說，主管只有在員工出錯的時候，才會注意到他們的存在。身為領導人的你，最好盡量給予下屬正面的回饋，就是公開讚美你的員工，至於負面批評可以私下再提出。

(4) 聽他們訴苦

不要打斷下屬的匯報，不要急於下結論，不要隨便診斷，除非對方要求，否則不要隨便提供建議，以免流於「瞎指揮」。

就算下屬真的來找你商量工作，你的職責應該是協助下屬發掘他的問題。所以，你只要提供資訊和情緒上的支援，並避免說出類似像「你一向都做得不錯，不要搞砸了」之類的話。

(5) 獎勵他們的成就

認可下屬的努力和成就，不但可以提高工作效率和士氣，同時也可以有效建立其信心、提高忠誠度，並激勵員工接受更大的挑戰。

(6) 提供必要的訓練

支持員工參加職業培訓，如參加學習課程，或公司付費的各種研討會等，不但可提升下屬士氣，也可提供其必要的訓練。

教育訓練會有助於減輕無聊情緒，降低工作壓力，提高員工的創造力。

我們說主管來激勵員工，這當然是好事，能夠激發他們的積極性，但同時更應注意激勵要得當，不要適得其反。

每個人都需要激勵，所以採取必要的各種激勵手段，可以大大的激發員工的積極性。這也是一個企業能否取得成功的根本措施。每個聰明的總經理都會運用不同的手段來激勵自己的員工，讓其好好為自己服務。

領導者激勵下屬的方式有很多，但是目的只有一個，那就是從效益的角度來激勵員工，使之能為企業的發展貢獻最多的力量。而效益良好的部門在一時一地的激勵方式都不是單一的，總是善於綜合運用激勵方式。因為激勵是領導過程的一個重要方面，激勵行為可以激發人的積極性和創造性。

管理科學家們普遍認為，激勵是透過某種方式刺激、引發行為，並促進行為以積極態度表現出來的一種手段。人的行為深處是一種內在的心理狀態，看不見、摸不著，只能透過人的具體行為顯現出來。要促成人的行為的顯現，就必須透過創造外部條件去刺激內在的心理狀態。要激發人的行為，就要刺激人的需要，圍繞團隊的目標方向實施引發和強化，在滿足個體需要的過程中，實現團隊目標。

激勵就是刺激需求 —— 引發行為 —— 滿足需求 —— 實現目標的一個動

態過程。人為什麼需要激勵呢？管理科學家認為，現代領導與管理的一個核心問題就是人的管理。領導者就是要激發人的積極性和創造性，發揮人的聰明才智，使他們能積極主動、自覺自願、心情舒暢的工作。積極性和創造性都是要透過人的行為才能實現的。人的行為有著巨大的潛力，這是社會創造的有待開發的資源。曾有人列出一個公式：工作績效能力＋激勵＝積極性和創造力。

> 讚譽人和愛人以及被人讚譽和愛都能提高和豐富生活。
>
> ——羅傑斯

第七張王牌：原則

在領導他人的過程中，不要只是管教性的領導，而是要建立一系列的原則，讓原則來領導人，才能真正實現每個員工的能力最大化。

作為總經理，許多問題都要講原則，講規矩。俗話說：「家有家規，行有行規。」

總經理在做出科學決策的時候，主要應從以下幾點原則考慮：

(1) 現實性原則

總經理作為領導主體的行為有著非常強烈的現實性，這一點尤其展現在決策工作上。

(2) 創造性原則

由於總經理性質本身就決定了他必須以創造性為主要行為特徵，所以整個總經理工作都必須是、也必然是充滿創造性的。

(3) 務實性原則

總經理的工作既然是講求實際的，那就應在實事求是的得到現實資訊之後，總經理就必須來抓住現實問題，著手屬於你自己的工作。

(4) 靈活性原則

總經理的決策關係著整個團隊的生死存亡，沒有原則性的保障必定會出現嚴重問題。但事情也隨時隨地的在變化之中，因此一定要在原則性的前提下靈活決策。

(5) 時效性原則

每個總經理都明白機不可失，時不再來這個道理。所以總經理在決策時必須做到及時、快速、果斷。這事關係到你所做決策是否能夠及時解決問題，是否能夠迅即產生良好效果和效應。如果總經理決策慢慢騰騰、拖泥帶水，那麼就會喪失機遇，就會造成嚴重損失和其他一系列嚴重後果。這即要求領導主體必須在決策過程中做到及時不誤、順勢應變，確保效果，追求效率。

(6) 創造性原則

作為總經理工作的第一步，決策當然就要以創造性為最起碼的準則。事實上，總經理工作的創造性主要取決於決策的創造性含量和高度；總經理工作的品質根本上就取決於決策中的創造性。因此創造性對於決策、對於整個總經理工作來說，都是實質性的。這要求總經理在決策中必須擺脫各種落後觀念和習慣勢力以及偏見的束縛，勇於探索、開拓和創新。

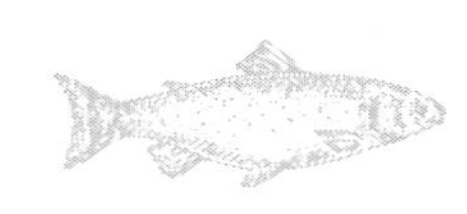

(7) 可行性原則

總經理決策從剛開始的構思到最後拿出具體方案，都是為了能夠好好解決實際問題、達到既定的目標。如果所做決策是華而不實的，那可能就什麼問題也解絕不了，也就偏離了決策的目的，喪失了決策的價值。而要切實管用，就必須有針對性和操作性，能夠直接改變所要觸及的領導客體，即方案中蘊涵著能解決問題的領導智慧力量。這就是說，領導決策必須要切中要害、運作高效。

(8) 民主性原則

要最充分發揮大眾的積極性和創造性，要讓他們積極參加到共同的事業、特別是決策中去，充分享有和行使當家做主的民主權利。同樣，在一個企業裡，發揮每個成員的民主性是極其重要的。讓他們感覺到是在為自己辦事，那樣效果會讓你意想不到的。

(9) 科學性原則

這是每個總經理在做決策時最起碼應遵循的準則。既然要做科學決策，那麼就必須保證以最飽滿的科學精神，貫徹於最具體的決策過程之中。其核心一條，就是要尊重科學，運用科學手段，做出科學決策。

(10) 道德性原則

領導者們掌握著權力，居高臨下進行著決策活動和整個領導活動，如果他們不能容忍大眾參與決策，則大眾就不能發揮作用，如果他們以其私心為自己或者為少數人謀利益，那麼在決策過程中就不會使計畫或政策傾向於大多數人。這樣，領導者就變成了忘卻領導的真正含義了，實際上是在走向反動和罪惡。因此，道德原則在這裡起著十分關鍵的作用。領導者們只有堅持以大眾為本，全心全意為人民服務，特別是在決策時認真為大眾著想，才能保持領導的民主性和合法性，也才能實施正確的領導，並取得良好的實績和實效。

(11) 系統性原則

現代決策所要處理的問題比過去任何時候都複雜，彼此之間盤根錯節、互為因果。如果孤立、靜止、片面看待它們，就不能準確、全面、正確認知和把握它們，也不能做出正確的決策。系統性本身是科學性的表現。因此，總經理決策就必須做到系統全面，嚴謹規範。

(12) 價值性原則

總經理決策是一種目的明確的活動。這個目的就是要以完全負責的精神和自覺性去做好決策工作，確保能夠正常履行領導職能職責，為所領導的團隊和部門做一些有用的事情，解決他們的問題、滿足他們的願望和需要；而這在本質上則是服務，在形態上卻是價值。因而，總經理決策就必須確保具有鮮明的價值性。

作為總經理，在原則問題上一定要堅定不移，不能有動搖；在非原則問題上，要靈活一點、寬容一點、大度一點，這樣才能贏得下屬的心。

> 一個人，如果沒有可以信賴的、堅定的原則，沒有所持的堅定立場，他怎麼能夠認知清楚自己人民的要求、作用和未來呢？他怎麼能夠知道，他自己應該做些什麼呢？
>
> —— 屠格涅夫

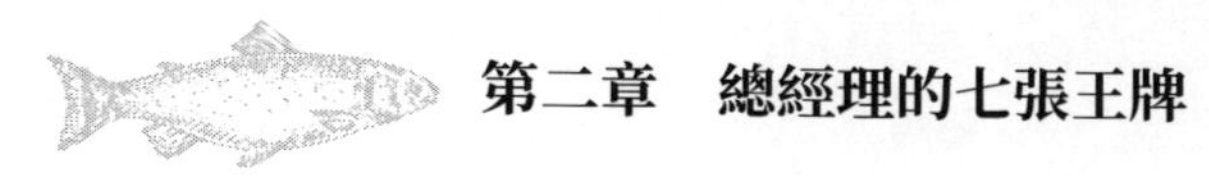
第二章　總經理的七張王牌

第三章
總經理的六大方針

一個總經理、一個管理者，其實就是一位帶兵打仗的將軍，你的每一個決策，對整個戰役都會造成相當大的影響。

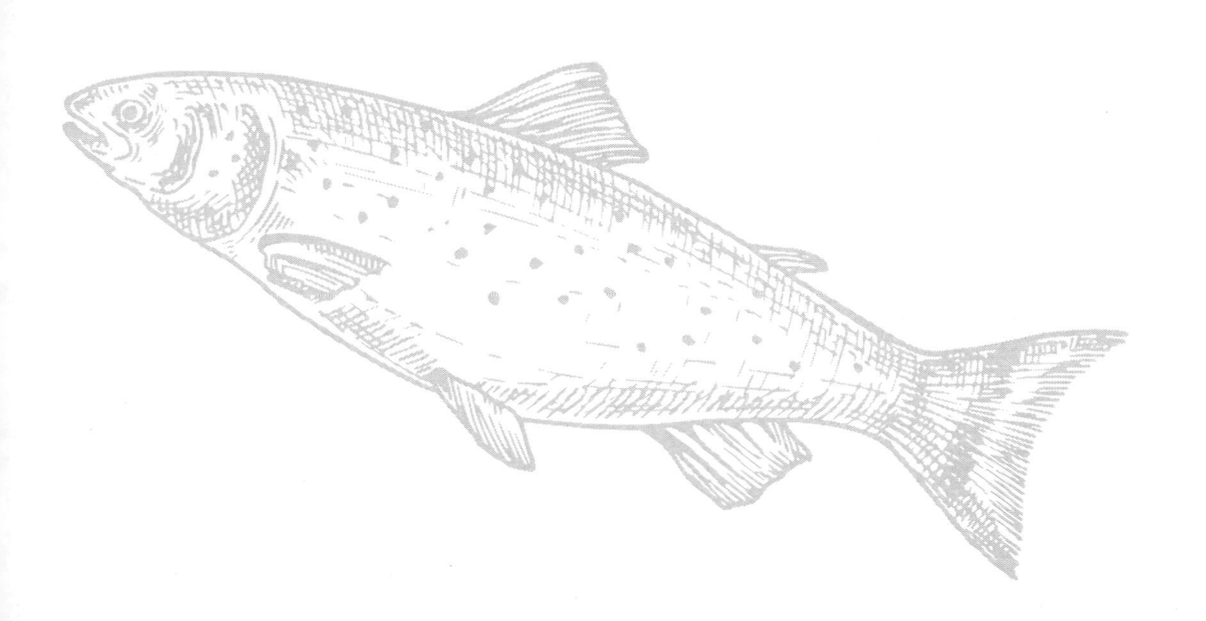

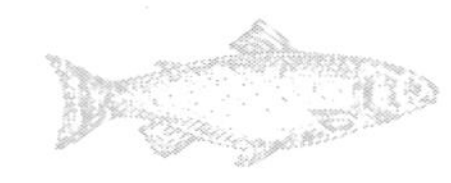

第一大方針：軟硬兼施

軟硬兼施的策略，是古代傳統的馭人之道。早在先秦時期，韓非子即明確指出：「凡治天下，必因人情。人情有好惡，故賞罰可用。」

此後數千年，大凡有作為的政治家，不論是劉邦、曹操、李世民、朱元璋等，無不是深諳賞罰二術的好手。

一般人的本性，是喜歡獎賞，害怕懲罰。因此，總經理可以運用軟硬兩手駕馭下屬，使之按著自己的意圖行事。

獎賞是正面強化手段，即對某種行為給予肯定，使之得到鞏固和保持；而懲罰則屬於反面強化，即對某種行為給予否定，使之逐漸減退，這兩種方法，都是總經理駕馭下屬不可或缺的。

總經理運用時，必須掌握兩者不同特點，適當運用。一般說來，正面強化立足於正向引導，使人自覺的行動，優越性更多些，應該多用。而反面強化，由於是透過威脅恐嚇方式進行的，容易造成對立情緒，要慎用，將其作為一種補充手段。

強化激勵，可以獲得領導者所希望的行為。但並非任何一種強化激勵，都能收到理想效果。從時間上來說，如果一種行為和對這種行為的激勵之間間隔時間過長，就不能收到好的激勵作用，因此要做到「賞不逾時」。

一種行為剛剛做出以後，人們對其感觸較深，這時即予以表揚和獎賞，刺激較大，激勵作用較強。因此，及時獎勵是一個重要的方法。這就要求做主管的，要積極動腦筋，多用不同的方式，對下屬的成績做及時多樣的獎勵。

對違反規章制度的人進行懲罰，必須照章辦事，該罰一定要罰，該罰多少就罰多少，不得半點仁慈和寬厚。這是樹立領導者權威的必要手段，西方管理學家將這種懲罰原則稱之為「熱爐法則」，十分形象的道出了它的內涵。

「熱爐法則」認為，當下屬在工作中違反了規章制度，就像去碰觸一個燒紅的火爐，一定要讓他受到「燙」的處罰。

這種處罰的特點在於：

(1) 即刻性

當你一碰到火爐時，立即就會被燙。

(2) 預先示警性

火爐是燒紅擺在那裡的，你知道碰觸就會被燙。

(3) 適用於任何人

火爐對人不分貴賤親疏，一律平等。

(4) 徹底貫徹性

火爐對人絕對「說到做到」，不是嚇唬人的。

總經理必須兼具軟硬兩手，實施起來堅決果斷。獎賞人是件好事，懲罰雖然會使人痛苦一時，但絕對必要。如果執行賞罰之時優柔寡斷，瞻前顧後，就會失去應有的效力。

有時，公司的制度有了某些程度的變動，你接到老闆的通知，你掌管的部門要減少一個人手，並由你決定把何人調離。

你即刻會感到十分煩惱，因為每一個下屬都有其特長，最重要是你與下屬們早已建立了關係，公事上合作愉快，私底下的交情亦不俗。

但你必須做出抉擇！

請撇開私人感情，眼光放到公事上的實際需要。有幾個因素得考慮：公司的人事部署將如何？生意策略有改動嗎？你的部門是否工作方針有變？

知道了自己的需要，再細心分析各位下屬的工作能力、性情、耐力和其他潛能。到了這個時候，相信你已經可以知所取捨了。

然後便是重要的一步了，如何去跟被選中的下屬講清楚，而不致對方對你心生怨恨？

告訴對方：「公司最近在某方面有變動，各部門的人手也要做出配合。考慮到你向來忠於工作，對公司的制度十分清楚，加上你不單對本部門的工作熟悉，所以讓你投效別的部門，對你或許會有更好的發展。」

你不是下屬肚裡的蛔蟲，有時他們會給你造成難堪的局面；你平日跟他是如何的投機，甚至稱兄道弟，但一個不小的問題發生了：當下屬執行某項任務時，絕對失職。

公司方面非常不滿，有辭退這人的念頭，身為他的好友兼上司，你自然覺得責任重大，有必要為他四處奔走，力挽頹勢。

不錯，身為主管，有義務保護和照顧下屬，但在此種情況下，請你還是保持冷靜，把事情分析清楚。

首先，請撇除「好友」這個包袱，一旦有了無形壓力，你一定不夠客觀。事實上，站在公事立場，是沒有人情這回事的。

其次，請你召見下屬，坦誠的請他把整件事的來龍去脈講一遍，告訴對方，若有任何隱瞞，只會令你無法伸出援手。

面對老闆，由於明明白白，錯在下屬，你沒有必要為他申辯什麼。倒是把下屬以往的良好紀錄和傑出成績拿出來，提醒老闆，這是一個人才，偶爾失誤，應該給予機會的。何況你若失去這個得力助手，工作上可能會不太順暢。

記住，你應向公司負責而不是向下屬負責，這與義氣無關。老闆做出怎樣的裁決，都應該遵守，你也問心無愧。

要做一名成功的領導者，到任何時候都不能怕扮黑臉，否則只會左右為難，處處陷阱，裡外不是人，最終將一事無成。

第二大方針：廣納賢才

主管要取信於下級，就要對下級有一種熱情。熱情不熱情，關鍵在感情。如果領導者自視清高，缺乏應有的熱情，既不會去親近下級，更不會去信任下級，當然也就難以使下級產生親近感和信任感。

社會主義的上下級關係，不是剝削階級社會裡的君臣、君民、臣民關係，也不是驅使與被驅使、人身依附關係，而是平等、友愛、合作、同事式的新型關係。下級，尤其是各級主管，是每個部門和企業的主人，是上級學習、依靠、服務的對象。上下級主要是工作關係，但也有感情在其中。如果領導者只是高高在上，發號施令，認為下級就是服從命令的、工作的，上下心存隔膜，是不會心心相印的。

(1) 公平待人

身為總經理，在對待下級方面首先要注意公平，對每一個下級都一視同仁，運用「一視同仁」這一方法時，不僅指對不同的人要公平，對同一個人在做不同的事也要一樣，該責罵就堅決責罵，該表揚就堅決表揚，同時，待遇上也要公平。企業習慣於把員工跳槽歸因於員工缺乏忠誠，而不是從自身思考，去想辦法留住員工。其實，員工跳槽的主要原因不外乎他們認為他們的付出和所得是不匹配的。針對這個原因，企業在設計報酬時應充分考慮公平。

公平理論把可能出現的情況分為三種：

第一，如果員工的報酬與付出的比值和別人比較相等或大致相等，這時，員工認為得到了公平的對待。如果員工的報酬與付出的比值小於別人的比值，這時，員工認為是不公平的。採取的行動大概有：首先是員工會要求主管增加報酬，即增加員工的分子。如果增加報酬的請求遭到拒絕，員工就會降低工作付出，即減小我的分母。如果由於企業嚴格的規定，員工無法降低工作付出，員工可能就會向上級匯報，增加對方的工作量。如果員工發現錯誤選擇了比較對象，就會與他人比較，來尋求公平。最後，各種努力都失敗後，員工就會選擇跳槽，離開這個不公平的企業。

第二，如果員工的報酬與付出的比值大於別人的比值，這時，員工也認為是不公平的。採取的行動大概有：首先，員工會努力工作，即增加比較中的分母。如果工作量已經確定，要達到公平，需要減小分子，即請求減少薪水（這種情況並不多見）。另外，也可以透過增加別人的薪水或讓別人也少做事，達到公平。有時，員工會覺得錯誤選擇了比較對象，更換比較對象，進行新的比較。最後，由於工作付出和工作的所得不相符，引起其他員工的強烈不滿，自己在企業中很難工作下去，不得不選擇跳槽。

由此可見，在企業中，總經理一定注意公平原則，特別是在待遇問題上，一定要展現「按勞分配」的原則。

(2) 寬以待人

身為總經理，必須時常體諒自己的下級，以寬大的心胸容納他們的錯誤、缺點和不足。寬以待人是一個人美好的情感，友好的表現。

情感是人進行活動的心理動力和源泉。人們在生活中，之所以趨善避惡、近美離醜，都是情感在起作用。交往也不例外，人與人之間透過接觸，逐漸增進了解，相互間建立感情，關懷、愛護、體貼、同情、諒解、友誼等等，都帶有感情色彩。相悅，主要表現為人際間情感上的相互接納、肯定、關懷、愛護、體貼、同情、諒解和友誼等。領導者關懷下屬，下屬也支援主管的工作；領導者體貼大眾，大眾也尊重領導者；領導者諒解同事、下屬的缺點和錯誤，別人也諒解領導者工作中的失誤。

情感相悅是在交往中自然產生的，是不能勉強求得的。如果領導者與下屬和同事沒有感情而要建立起感情，只要出自誠心誠意、經過努力也是可能辦到的。精誠所至，金石為開，要下工夫，花氣力，捨得感情投資。透過感情投資，對別人傾注感情，別人也會給以相應的回報的。感情相悅融洽，是相互感情交往的結果。透過感情交流，使人際關係良好，有利於順利推進工作。

總經理必須注意非原則問題寬容下級。大問題要堅持原則，細枝末節不必斤斤計較。即使下級工作中的一些非故意性的失誤、疏漏，只要認知了改正了就不要揪住不放。下級個性、興趣、愛好等不能要求整齊劃一，要允許有差異、有特色。人敬我一尺，我敬人一丈。下級在領導者那裡得到了禮遇和尊重，一定會努力工作，加倍報答。大凡善用人、易成事者必有寬容之心。因為寬容是一種美德，它具有巨大的感染力量；寬容是一種自信，自信心越強，心理素養越好，其寬容的量度也就越高；寬容也是一種力量，它可以使強敵畏怯，使弱友氣振。領導者的寬容是領導者自我意識中深層次的可貴意識，是領導者必備的品格和素養。

總經理具備良好的寬容心態，能夠駕馭寬容原則，是調節人際關係，做好領導工作的首要條件。但是，許多心胸狹窄，視野局限於眼前利益和個人範圍的主管，不善於掌握寬容待人的用人原則，對有缺點和犯錯誤的部下不能客觀評價，因而在領導活動中常常遇到各種阻撓和不應出現的困難。領導者應該以寬容的態度對待每一位下屬，即使他們犯了錯誤，只要不是不可原諒的錯誤，領導者都應該盡可能給予原諒。但是，寬容下屬也應視其情節輕重、後果的嚴重性而採取具體的解決辦法，一旦下屬在人格或道德上有重大缺陷，就必須當機立斷進行適當處理，絕不能縱容、遷就，因為任何優柔寡斷的態度都會帶來不良後果。

用人之長，是凡人皆知的用人策略，而容人之短也不失為一種識人方略。因此，領導者在用人韜略上，絕不能只求長處而不能容忍別人的缺點錯誤。

做領導工作，經常會遇到與自己做對的人，這種人往往不考慮場合、身分，不論語言態勢和行為是否越軌，給主管提出難題。這時，身為主管應該襟懷坦白，然後與其私下進行溝通、交流，使對方放下包袱，積極工作。

(3) 誠信待人

說到做到，取信下級。分配的工作任務，提出的要求，制定的規章制度，答應過的各種承諾，應該一一落實，項項兌現。不輕易許願、許諾，如果經過深思熟慮決定下來的事，一定說到做到，取信於下級。

總經理以誠對待自己的下屬，同時也要相信下屬對自己的忠誠和辦事的能力，既然用了，就不能懷疑。不因少數人的流言蜚語而左右搖擺，不因下屬的小節而止信生疑，更不宜捕風捉影、無端的懷疑。

相信受任者能完成任務，相信成員對本部利益的忠心，給受挫者成功的機會。對於領導者來說，你的下屬需要你的信任。

用人不疑是領導者用人的一個重要原則。

當然這個「不疑」是建立在自己擇用人才之前的判定、考核基礎上。不用則罷，既用之則信任之。主管只有充分信任部屬，大膽放手讓其工作，才能使下屬產生強烈的責任感和自信心，從而煥發下屬的積極性、主動性和創造性。

所以說，一旦決定某人擔任某一方面的負責人後，信任即是一種有力的激勵手段，其作用是強大的。

試想一下，使用別人，又懷疑他，對其不放心，是一種什麼局面；試想一下，在你的公司裡，如果下屬得不到你起碼的信任；其精神狀態、工作幹勁會怎樣？假如你的公司職員情緒欠佳，精神沉鬱，怨懟叢生，上下級關係怎麼能融洽？這種彼此生疑生怨的狀況，常是導致企業癱瘓的主要原因。

對於總經理來說，信任你的下屬，實際上也是對下屬的愛護和支持。古人云：木秀於林，風必摧之。特別是對於擔當生產、銷售、試驗、拓展、探索者角色的下屬而言，容易受人非議、蒙受一些流言蜚語的攻擊，那些勇於直面主管錯誤，提建議、意見的，那些工作勤勉努力犯了錯誤並努力改正的，主管的信任是其最後的精神支柱，柱倒而屋傾，在此種狀態下，領導者切不可輕易動搖對他們的信任。

總經理對下屬的信任的同時，對下屬一定要坦誠。如果出現變故及不利因素，有話要當面說，不要在背後議論下屬的短處，對下屬的誤解應及時消除，以免累積成真，積重難返。有了錯誤要指出來，是幫助式的而不是指責式的，相信你的下屬不是傻子，好意歹意心中自明。總之，與下屬經常保持交流非常重要。

說到信任問題，其實它是兩個彼此相處的人應該具有的一個基本的和必要的要素。兩個陌生的人在一起，彼此防範，沒有什麼信任。而一旦人們透過某種管道互相認識熟悉後，彼此渴望的就是一種信任。

總經理必須充分相信自己的員工。否則就等於放棄自己的領導權力。員工如果知道上級不相信自己，那他們就不會認真執行上級的命令。

如果總經理對員工的言行有所懷疑的話，員工會敏感的察覺到。他們就會對這種器量狹窄的上級感到失望，甚至表示輕蔑。老闆應當相信員工的能力和忠誠，這樣才能使工作有大幅度的進展。如果你信任員工，他們就會精神百倍、努力工作。

明智的總經理對員工的信任，絕不能因為他們犯了一兩次錯誤就失去對他們的信任。只有這樣做，才能使員工對你更加忠心，使他們工作得更加努力。

對一個企業來說，領導者只需要做出兩三項決定命運的選擇。其他的選擇都可以交給員工來決定。無論是中層幹部、還是一般職員，對他們來說，同樣也有面臨決定命運的選擇。也就是說，要相信員工，要給他們選擇的權力。

用人不疑、保護和支持人才，是一種強大的激勵手段。因為人一旦被信任，便會有一種強烈的責任感和自信心。尤其是上級對下級的充分信賴，就是對下級最好的獎賞，它將形成一股促使下級努力工作的強大動力。因此，可以這樣說，信任是一種催化劑、助推器，它可以加速蘊藏在人體深處的自信力的爆發，而這種自信力一旦爆發，工作起來就可以達到忘我的程度。

> 公平合理，誠信待人，對一般人來說，它是一種美德，對總經理而言，它更是一種優異的領導方法，能否做到這一點，是總經理領導能力的一個重要標誌。

第三大方針：警惕個人偏見

不論總經理在評價員工時多麼謹慎，結論中還是經常反映出主管的偏見與缺點。當主管對員工某一性格特徵的評定而影響到對該員工的其他性格特徵進行評定時，就會出現月暈效果。比如，主管可能認為員工的工作技能處於一般水準，因而他對該員工的其他方面也傾向於給予一般的評價。

還有，要當心過於寬鬆或過於嚴格的傾向。有些主管是寬容的評價者，有些人則很苛刻。如果讓評價過寬和過嚴的不同主管分別評價兩位員工，就很難斷定應提拔哪位員工。

有些主管因為不十分了解其員工，所以不想因把某人評為優秀或頑劣而招惹一身麻煩。因此，他們把每個人都評價為一般。這樣做的主管可能分辨道，他們沒有傷害任何人——但他們也沒有鼓勵那些值得獎賞的人。

要警惕個人偏見。主管有時會不自覺的根據個人好惡來評價某位員工。對於那些工作績效難以估量和評價的員工來說，尤其如此。比如紡織廠的配色工。

鑑定的最終效益在實質上影響著主管評價每個員工的結果。如果主管知道鑑定是用來提升薪水的，那麼評價可能有高於正常情況的傾向，這樣可使員工們長上薪水。如果是用於決定員工是否需要接受某方面培訓的，評價就出現明顯低於常情的傾向。

公正是各種美德中享譽最高的美德。只有公正才是真正有益於人類的原則。在這個原則之下，弱者將得到必不可少的保護和仁慈。

第四大方針：創造新客戶

客戶是企業生存發展的「衣食父母」。從強大的競爭對手的手中爭奪客戶，一開始你已經處於不利地位。與其如此，不如另開闢一個新的「戰場」，建立起屬於你自己的客戶群，這樣可能更容易得手。

面對市場競爭，可以透過開發新的產品、提供新的服務、開拓新的領域等手段，但這些都不如創造新的客戶源來得更直接。

而「創造客戶」正是所有商業手段的最終目的，同時，也是所有經濟活動的最終目的。儘管這些商業目的是相同的，它們卻有不同的方法。

(1) 創造符合客戶「胃口」的新「實用性」

如果你對一位英國的普通小學生說：「是羅萊德 · 希爾在西元 1836 年發明了郵政事業」他一定認為這是無稽之談。因為，在西元 1836 年以前，郵政事業早就存在，這已經是一種常識。

但是，希爾的確是創造了我們今天郵政事業。當時，郵差是向收信者收取費用的。而費用的標準又根據路的遠近及信件的重要而定。這種制度使得信件的速度不但慢，且費用昂貴。假如你要寄信的話，你就必須先到地方上的郵局去稱一稱所要寄的信的重量，然後才來決定到底要收多少錢。於是，希爾就建議統一郵資。在英國國內，不管路程的遠近，寄發信件的費用一律統一。而且，必須先付錢。也就是寄信人必須付錢，而非收信人付錢。最重要的一點是：寄信的費用是以一種「印花」的方式來代替，這就是現代郵票的前身。這種印花也不是新的發明，它曾廣泛使用在各種課稅上。一夜之間，英國的郵政由煩瑣而複雜變得非常簡單而方便。今天，我們都知道如果要寄信的話，只需要在信封上貼郵票，往郵筒一放就可以了。幾乎是同一時間，郵資也變得非常的便宜。本來需要付一先令的信，現在，只需要一分錢就夠了。而當時的手藝人一天也只不過賺一先令而已，寄信的數量不再限於某一個範圍了。由於郵資降低，信件數量自然大增。這樣，現代「郵政」誕生了。

這就是說，希爾並沒有新的發明，但他卻創造了新的「實用性」。剛開始，他一直問自己：「顧客需要什麼樣的改革，才能使郵政事業成為真正的服務事業呢？」杜拉克認為，在所有的商業策略及改革方法中，這總是第一個我們必須問的問題。這樣我們才能夠創造實用性，滿足顧客的價值觀，並改變經濟活動的本質。事實上，降低了 80%以上的郵資費用並不是最重要的事情。

最主要的改革目的在於使每一個人都能享用郵政服務。從此，信件不再僅限於書信與作品。連裁縫師也可以郵寄帳單。由於信件的數量大增，寄信的費用一再下降，以至於後來人們覺得寄信好像不花錢似的。

但是，價格在「創造實用性」這個策略裡面，並不是一個很重要的因素。該策略的主要目的是滿足顧客的需求，其重心在於使客戶能夠達到自己的目的。這一策略之所以能夠成功，主要在於推行者問清了一個問題：什麼才是真正的服務？對顧客來講，什麼樣的服務才具有「實用性」？

上面的例子裡並沒有任何科技因素，也沒有任何值得申請專利權的發明。我們所需要的只是正確的市場焦點，針對客戶需要的市場焦點而已。

(2)「創造實用性」

可以使顧客用自己最喜愛的方式來滿足自己的欲望及需求；例如：如果寄信還是像以前那麼煩瑣不堪的話，裁縫師就不可能利用郵政系統來寄帳單給他的客戶。他必須把信帶到郵局，排隊三個小時，直到郵局的職員秤出他信的重量，這封信才可能被寄出去。而這封信的郵資又是由收信人付，說不定郵資的錢和顧客那套衣服的價錢差不多，那麼世界上大概不會有那麼傻的顧客會去付這份錢，而且也不會有這麼耐心的裁縫會到郵局排隊三個小時，只為了寄一封信。

羅蘭德 · 希爾並未在當時的郵政事業上增加任何新奇的東西。改革後的郵政事業仍然由同樣的一批馬車及同樣的郵差在送信。但是，羅蘭德改革後的郵政系統卻是一個真正的郵政系統。因為，它能夠滿足客戶的需求。

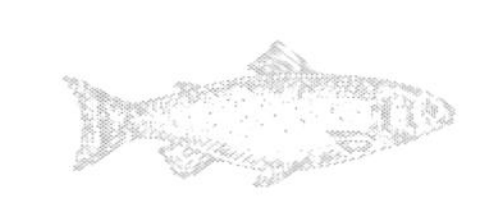

(3) 創新付款方式

顧客對同一件商品最終所付出的錢幾乎都是相同的，甚至，「價格創新」使顧客付得更多一些。但是，付款的方式不同。「價格創新」是根據顧客的需要及價值來銷售產品，而不是根據生產者自己的決定與利益。「價格創新」是根據顧客的實際利益來制定的。簡而言之，「價格創新」代表了對顧客原有價值觀的改變，而非廠商成本價格的改變。

(4) 依客戶的處境，改變銷售的方法

美國奇異公司在蒸汽渦輪機方面具有領導地位，這主要得益於它根據客戶的處境，靈活的調整銷售方法：蒸汽渦輪與一般的活塞引擎不同，它是利用水力來產生動力。蒸汽渦輪比較複雜，需要更高的引擎技術，以及更高的建造與安裝技巧，這不是一般電力公司所能夠做到的。一般電力公司大約每五年到十年左右，當興建一個新的電力發電廠時才買一次蒸汽渦輪，但所有的技術卻需要不間斷保存下來，以供建廠時使用，因此，製造蒸汽渦輪的廠商不得不建立一個技術諮詢機構，以供一般電力公司來做技術查詢。

這樣，電力公司就必須向廠商支付諮詢費，儘管這項支出非常昂貴。但是，根據美國法律，這項開銷必須徵得公共事業委員會的同意，然而委員會的意見是這些電力公司應該獨力完成這項工作，而不需再花什麼諮詢費向大廠商請教。奇異公司也無法把諮詢費加在蒸汽渦輪的價格中，因為委員會也不同意這麼做。而這些電力公司沒有詳細的指導又無法興建電力發電廠。

一個蒸汽渦輪的使用壽命很長，但它的刀葉必須時常更換。更換時間大概是五年到七年，而且，這些更新的刀葉必須來自原廠家。因為，每一家渦輪廠商的產品形式都不一樣。於是，奇異公司建立了一個世界第一流的電氣設備諮詢機構，尤其在水力發電這一方面更堪稱當時的權威。儘管奇異建立

了一個如此龐大的諮詢機構，但它並不稱這個機構為詢問處。因為，它是免費的，它只是賣渦輪時的一項附贈品而已，這樣就沒有違反美國的法律。奇異的蒸汽渦輪的價格和其他廠商的價格差不多。它將諮詢費用加在更換刀葉的價格中收取。也就是說，刀葉的價格包含了當初安置渦輪時的諮詢費用。在十年之內，美國所有的蒸汽渦輪大廠商都轉向這種價格體系，模仿奇異公司的做法，將諮詢費放在更換刀葉時索取。但在這十年之中，奇異已獲得了世界大部分的市場占有率。

生產廠商經常愛犯一個毛病，即把一些顧客稱為「不懂道理的顧客」，就好像心理學家和倫理學家經常把正常的人誤判為「不合邏輯的大眾」一樣。事實上，世界上根本就沒有「不懂道理的顧客」。正如一個古老諺語所言：「世界上只有懶的生產者，沒有愚蠢的消費者。」我們必須假定每一位顧客都是很明理的、很精明的，儘管他們的經濟利益觀點或許與生產廠商的觀點大不相同。例如：對美國的渦輪電氣業者來講，美國政府的公共事業委員會，拒絕撥付諮詢費是一件不可理喻、無法想像的事情；另一方面，由於電力公司必須受其法規的管制，因此，諮詢費的欠缺對它們來說，是一項冷酷的「事實」。

因此，這項的策略要訣在於將這些冷酷的現實轉化為銷售產品的部分要素。也就是說，我們不能以自己生產者的立場來衡量事情，而必須站在消費者的立場來考慮整體情況。不管消費者買的是什麼，或以什麼方式購買，我們都必須以消費者所處的現實環境為基礎，否則就無法得到市場的認可。

滿足顧客的價值感，讓他覺得值，重點在於強調顧客的價值感，而不在於廠商對自己產品怎麼看。

關於經濟學中「價值」的定義。每一本經濟學書都指出顧客所要買的並不是產品本身，而是產品所帶來的價值、這產品對他本人的貢獻。然後，每一種經濟學理論很快拋開其他的方面，而將注意力集中在產品的價格上。於是，價格就被定義為顧客取得某件東西所必須付出的代價。但是，這一產品到底為顧客做了些什麼貢獻卻未曾在書上提到過。遺憾的是，許多產品及服務的供應商都接受了這種經濟學上的錯誤觀點。

管理者應該問自己一個問題：「顧客所付的價錢應如何同時滿足他自己的期望及生產者的期望？」而顧客之所以會付錢，主要在於物品的價值。他們可能認為某項物品對他們來說，特別具有價值感。

價格本身並非是一種目的，它也不能代表價值。因為有了這樣的覺悟，吉利特公司才能在刮鬍刀市場稱霸四十年之久。奇異公司也是如此，它之所以能夠在蒸汽渦輪界獲得長時期的領導地位，主要也是由於經過長期觀察顧客的心態。在每一個個案中，凡是使用這一策略的公司都獲得了巨額利潤，但也都經過了一番奮鬥。而它們之所以會賺那麼多錢，主要在於它們滿足了顧客的價值觀。換句話說，主要在於它們讓顧客覺得錢花得很值。

> 有一點可以肯定的是，任何人只要忠實的信守市場學理論，實際將這些理論用到現實生活來，同時也給顧客帶來實際效益，他一定可以成功的成為某一市場的領導者，並且，不需要冒很大的風險。

第五大方針：該裝傻時要裝傻

處理問題要講究態度，有的問題在處理過程中可以熱誠一些，也有的問題可以冷漠一些，態度有時也是處理問題的一種尺度。

本來就不愛管閒事，卻偏偏遇上一個愛訴苦的下屬，讓你感到煩不勝煩。

老實說，你心裡一萬個不想過問，連聽也不願意，卻怕產生不必要的誤會，或者有後遺症，所以常常有進退兩難之感，卻苦於無法擺脫對方。

遇上這種「煩人」，既妨礙工作，又沒有好處。所以，你必須想辦法杜絕他。

(1) 你可以藉口工作忙

遇上對方單純邀約午飯、下午茶等，一概以「忙得不能抽身」為理由推卸。凡想訴苦之人，情緒衝動。你一拖再拖，他肯定沒有耐性再等下去，這樣，你不是可以溜之大吉了嗎？

(2) 你可以「裝傻」

一個善解人意的人，永遠會是一個好聽眾。但是如果你凡事聽不明白，頻頻反問對方，又沒有好主意，對方等於對牛彈琴，你認為他會有什麼感受呢？

又或者你顯得心不在焉，漠不關心，牛頭不對馬嘴，對方也一定會無趣而退，另尋可分擔苦惱的人，於是，你無疑就脫離苦海了。

> 擺在前面的請求，如果是強人所難，一般人的辦法是拒絕了事。然而，針對不同的對象，拒絕方式不能只有一種，有時需要直截了當，有時需要婉轉隱諱，有時更要學會裝傻。

第六大方針：團隊第一

不論你是單一團隊的領導者還是多個團隊的管理人，團隊管理工作都是你職權範圍內一個重要的組成部分。在今日，集多重技術於一身的工作方法已逐漸取代階層式的、缺乏彈性的傳統工作體制，團隊合作因而很快就成為了一種很受歡迎的工作方式。

(1) 了解團隊運作

團隊合作是所有成功管理的根基。無論你是新手還是資深管理人，對你而言，管理好團隊都是重要且具激勵性的挑戰。

· 切記：每位成員都能為團隊做出一些貢獻；
· 謹慎設定團隊目標，且認真嚴肅對待它們；
· 切記成員間要彼此扶持；
· 將長程目標打散成許多短程計畫；
· 為每個計畫設定明確的期限；
· 儘早決定何種形態的團隊適合你的目標；
· 努力與其他團隊的成員建立強而有力的緊密關係；
· 找一位可提升團隊工作士氣的重量級人物；
· 時時提醒團隊成員：他們都是團隊的一分子；
· 將團隊的注意力集中在固定可衡量的目標關係；
· 利用友誼的強大力量強化團隊；
· 選擇領導者時要把握用人唯才原則；
· 領導者需具備強烈的團隊使命感；
· 獎賞優異的表現，但絕不姑息錯誤；
· 記住每位團隊成員看事情的角度都不一樣；
· 徵召團隊成員時，應注重他們的成長潛能；
· 密切注意團隊成員缺少的相關經驗；
· 應使不勝任的成員退出團隊；
· 找到能將人際關係處理得很好的人，並培養他們。

(2) 設立一支團隊

成立一支團隊是領導者的主要工作。確保你的團隊有清楚明確的目的和足夠達成目標的資源。要以開放和公正無私的態度對待團隊成員。

· 設定具挑戰性的目標根據限期來考量是否合理；
· 設定目標時，考量個別成員的工作目標；
· 計畫的失敗危及整體計畫的成功；
· 堅持得到資訊技術支援，它能為你提供確實需要的東西；
· 對待團隊外的顧問要如同對待團隊成員一般；
· 讓團隊的贊助者隨時知道工作進展情形；
· 除非你確定沒有人能夠勝任，否則應避免「事必躬親」；
· 不要委託不必要的工作，最好將其去除掉；
· 賦予團隊自己作決策的權力；
· 鼓勵團隊成員正面積極的貢獻；
· 肯定、宣揚和慶祝團隊每次的成功；
· 找到易於讓成員及團隊了解每日工作進度的展現方式；
· 鼓勵成員之間建立工作上的夥伴關係；
· 鼓勵天生具有領導才能的人，並引導和培養他們的領導技巧；
· 絕對不能沒有解釋就駁回團隊的意見，與此相反，解釋要坦白，理由要充分；
· 確定團隊和客戶經常保持聯絡；
· 以自信肯定的態度讓團隊知道誰當家，但要預防予人來勢洶洶的感覺；
· 想辦法給新團隊留下一個即時的好印象，但切忌操之過急；
· 倘若你要求別人的建議，抱持的心態不能只是歡迎就行了，也要依循建議有所行動。

(3) 提升團隊效率

團隊要達到應有的效率，唯一的條件是每個成員都要學會集中力量。你必須了解團隊的能力，以確保團隊的成功。

- 協助團隊找出方法以改變有礙任務推展的團體行為；
- 找出可建設性利用衝突的方法；
- 記住要在工作中穿插安排娛樂調劑身心，這是每個人應得的福利；
- 若有計畫出錯，一定要作全面性、公開化的分析；
- 如果你希望團隊成員有問題時能毫不猶疑找你談，就要實施「開門政策」；
- 要求提出問題的人解決問題；
- 安排正式的和非正式的會面，討論團隊的工作進展；
- 使用不帶感情只問事實的態度，是化解紛爭的最好方法；
- 保持團隊成員間的熟稔，以易於溝通；
- 設立交誼場所，讓團隊成員可作非正式的碰面交談；
- 鼓勵同事間自由的溝通活動；
- 建立最適合的通訊科技系統，並經常更新；
- 實施會議主席輪流制，讓每個人都有機會主持會議；
- 盡可能授權給團隊成員；
- 事先於會前發出議程，預留時間給參會者準備；
- 培養所有對團隊有益的關係；
- 努力保持團隊內外關係的均衡與平穩；
- 確定所有相關人士都能聽到、了解好消息；
- 倘有麻煩在團隊關係中發酵醞釀，要盡快處理；

- 安排團隊與機構的其他部門作社交聯誼；
- 找出你與主管保持聯絡的最佳通訊方式；
- 要對你在團隊或辦公室外接觸過的重要人士做聯絡紀錄；
- 謹慎分派角色以避免任務重複；
- 找尋建議中的精華，且絕不在公開場合談論任何建議；
- 一定要找有經驗的人解決問題；
- 分析團隊成員每個人所扮演的角色；
- 腦力激發出的意見，就算不採用，亦不得輕視。否則，會打擊人的積極性，創意的流動也會因此停止；
- 公平對待每個成員才能避免怨恨；
- 確定團隊成員真正有錯之前，都須視他們沒有錯；
- 告訴同事他們做得很好，這有助於激勵團隊士氣；
- 尊重每一位成員，包括那些給你製造麻煩的人；
- 避免和團隊成員有直接的衝突；
- 記住採用對事不對人的處事態度；
- 確定整個團隊都能夠從解決問題中學習經驗；
- 先選擇完成一些規模大的、可快速達成及有成就感的任務，以激勵成員再接再厲；
- 確信團隊成員皆了解團隊中的其他角色；
- 計算品質的成本之前，先計算失敗的成本；
- 針對每筆預算及每項團隊行動計畫，設定重大的改進目標。

(4) 為未來努力

為團隊設定新的、更高的挑戰目標是團隊工作中最令人興奮的事情之一。可運用一些適當的技巧，推動團隊向更大、更好的目標前進。

- 告知團隊每位成員，在設定的標準中有哪些評估的項目；
- 確定所有改善措施及新訂目標都持續進行著；
- 召開檢討會議前傳閱所有相關資料及數據；
- 開檢討會時一定要避諱人身攻擊；
- 記住關係會隨時間改變；
- 避開低估或忽視壞消息的陷阱；
- 每天結束時自問團隊今天是否又向前跨出了一步；
- 傾聽受訓者關於訓練課程的回饋意見；
- 找到有最好設備的最佳訓練場所；
- 聘請顧問設立公司內部的訓練課程；
- 利用移地訓練時的用餐時間作非正式的計畫；
- 每位團隊成員都必須參與設定目標的工作，以促進團隊合作及達成共識；
- 允許團隊自行決定達成目標的方法，可激勵團隊努力工作；
- 確定目標能激發團隊的鬥志，如果不行，請改變目標；
- 一支沒有「嚴峻」目標的團隊，工作表現將不如接受過此類考驗的團隊；
- 設定獎勵標準時，允許團隊成員有發言權；
- 避免排名次，因為落後的團隊成員將會感到自尊心受創；
- 指定某人監視市場上每一個相關變化；
- 隨時準備作改變，甚至計畫的根本要素亦包含在改變的範圍內；記住有一些人很害怕變革；
- 尋找能推動改革的團隊成員；
- 每隔一段時間做一次生涯發展的評估；

- 記住：鼓勵團隊成員即是在幫助團隊；
- 與團隊同事就生涯規劃達成一致意見，並給他們提供必要的協助；
- 團隊解散後仍舊要與團隊成員保持聯絡，因為你可能還會與他們再次合作。

良好的組織總是以一個優秀的團隊形式出現的。企業內部各部分之間密切配合是企業贏得勝利的關鍵。沒有內部消耗，企業的合力才能達到最大化，這樣一來才會更有利於企業的發展。

第四章
總經理的四件大事

身為總經理，既要用仁道來贏得人心，也要用寬容博得真情。既要善於忍耐，也要屈而有度；既要賞罰分明，更要棒殺齊施。在現實生活中，要想立足於不敗之地，重要的是還得擁有健康的心態。正確的面對「沉與浮」，活出一個超然的自我。

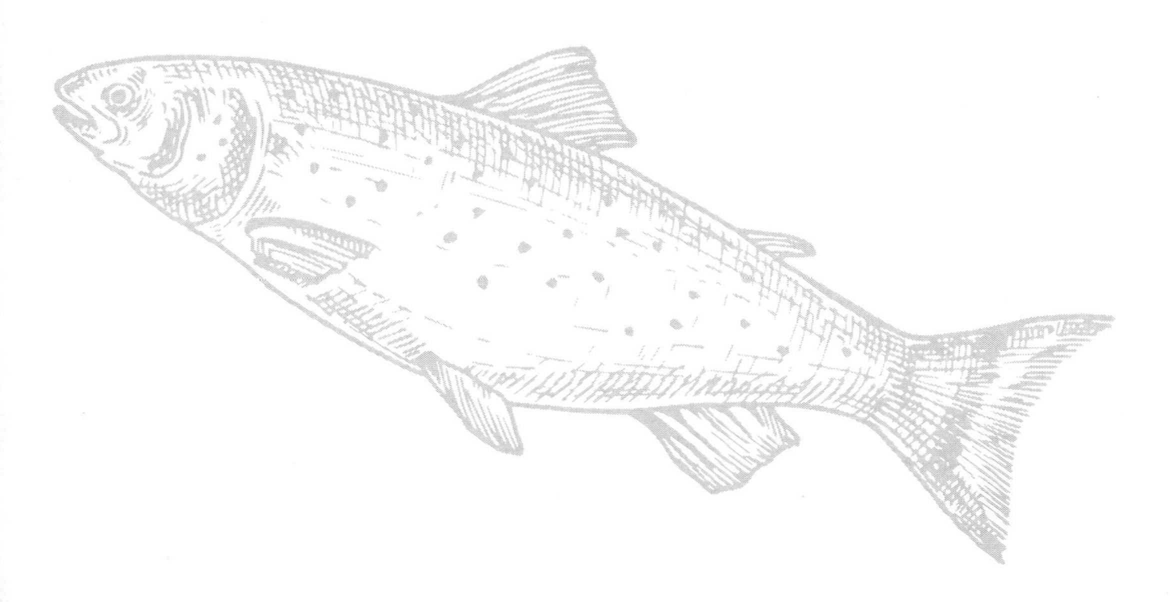

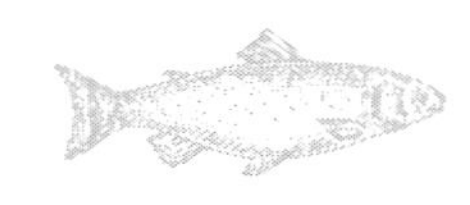

第一件大事：棒與殺

俗話說：「沒有規矩不成方圓。」凡事都要有規矩，有統一的標準，這是不亂綱紀，不偏離目標的重要方法。一旦有了法，就可以直言管理，嚴格要求，保證各層次的人才都能夠步調一致。然而，我們還要注意這樣一個問題，就是要執法必嚴。有些人認為立法要嚴，執法要寬鬆，法是人定的，法無情，人有情。這個道理聽起來很合情合理，但實際上卻是以情代法或者說是以情廢法。所以，應該改為立法適情，執法無情，來避免任何人以身試法。這裡所說的法，講的是管人的基本原則和精神。

領導者管人，要掌握集權和感情輸入的良好運用：管人過分，下屬會認為你不近人情，缺乏理解，從而產生叛逆心理，不願做出成績；感情輸入過分，會使你顯得軟弱，缺乏應有的威懾力，從而對你的命令或指示置若罔聞。所以身為領導者一定要掌握好原則問題。

(1) 民主原則

民主原則，就是指主管在集權的過程中，要走大眾路線，聽取下屬的看法，發揮集權領導作用，實現民主決策。

民主原則是領導者在工作中處理與下屬關係應遵循的基本原則。主管與下屬最基本的關係，是權威和服從的關係。

領導者要遵循民主原則，首先要有民主意識。貫徹民主原則的基礎和前提是民主意識，主管遵循民主原則會發揮重要的指導作用。

領導者要遵循民主原則，就要有平等意識。領導者在行使權力過程中，應該把下屬視為朋友，以平等的態度對待，不擺架子，不打官腔，充分尊重下屬的權利，在領導者與下屬之間建立一種互相了解，互相幫助的新型的關係，把下屬對自己的服從性和自覺性結合起來。

(2) 依法原則

依法原則，就是指領導者要在法律、制度、政策規定的範圍之內，正確運用權力。

法，它是法律、法令、制度、規定的總稱。

領導者注重法制，就是要在自己的許可權範圍內，加強法制建設並嚴格依照法律和制度來進行管理。任何管理都是對一個部門的管理，都是對一個團隊的管理。管理就需要法，若離開了法，公司本身也就難以存在，團隊就難免解體。管理一個國家需要有國法，管理一間公司也需要有規章制度。一個團隊只有在一定的規則之內行動，才能保證公司的完整性、穩定性、正常性、和諧性。既然法是一個系統存在和發展的保證、正常運轉的規則，那麼身為掌握一定權力的領導者，在行使權力中，首先就要注重法制建設，做到「有法可依」、「有章可循」。在遵循國家的法律、政策的同時，對本公司需要規範的問題用明文規定出來，明確允許怎麼做，不允許怎麼做，作為規章制度，用以約束下屬，也作為處理和解決問題的一個重要依據。

遵循依法原則，還要求領導者要依法用權。領導者職位有高低，權力有大小，但是無論職位多高，權有多大，都必須受法律的約束，都必須在法律、制度、政策規定範圍之內行使權力。

(3) 廉潔原則

廉潔原則，就是指領導者在運用權力時，要奉公守法，廉潔自律，不以權謀私，運用權力為企業服務。

權力是為了完成各種不同職能而被賦予的，它是完成工作任務的工具。凡是掌握一定權力的領導者都有圓滿、認真完成本職工作的職責。從這個意義上說，沒有無責任的權力，也沒有無權力的責任。責任與權力是相伴而生的。

堅持廉潔原則，不以權謀私，不是一個深奧的理論問題，而是一個實踐問題，重在行動、貴在自覺。評價一個主管是否廉潔，不是看他定了多少條措施，做過多少次聲明，而是看他在行使權力中做得如何。一個領導者只有排除個人主義、私心雜念，不打自己的「小算盤」，才能堅持廉潔原則。

堅持廉潔原則，就要加強道德修養。領導者的道德狀況制約著權力的使用。領導者集權時，其思考和行為都應遵循道德規範和準則，這就是職業道德。

不講原則的集權，都是濫權。這一點，每位領導者都應銘記於心。對於不同的下屬，領導者要採取不同的方法和手段。

> 威嚴不等於惡言相向，破口大罵，整天板著面孔訓人；只是在工作時對待下屬必須令出法隨，說一不二。發現了下屬的錯誤，絕不姑息，及時糾正，讓下屬產生敬畏之心，才會使你威風凜凜，指揮自如。

第二件大事：恩與威

所謂恩，不外乎親切的話語及優厚的待遇，尤其是要記得下屬的姓名，每天早上打招呼時，如果親切的呼喚出下屬的名字再加上一個微笑，這名下屬當天的工作效率一定會大大提高，他會感到，上司是記得我的，我得好好做！對待下屬，還要關心他們的生活，聆聽他們的憂慮，他們的起居飲食都要考慮周全。

所謂威，就是必須有命令與責罵。一定要令行禁止，不能始終客客氣氣，為了維護自己平和謙虛的印象，而不好意思直斥其非。必須拿出做上司的威嚴來，讓下屬知道你的判斷是正確的，必須不折不扣的執行。

恩威並施才能駕馭好下屬，發揮他們的才能。總經理一定要有雅量，對下屬要做到寬容，至於怎樣寬容卻是個大問題。

有人說寬容是做人之本，其實寬容也是做主管之本。一位明智的主管應該審時度勢。首先判斷矛盾的大小和性質，如果是一些雞毛蒜皮、不痛不癢的小事，就需要以一顆寬容的心來對待這些矛盾。「小不忍則亂大謀」，人人都不願當受氣包，發洩一下不快是情理之中的事，但是你可能為了這眼前的痛快而斷送了自己的前程。你如果忍一忍，可能會因此而得個有氣量的美名。

(1) 正確對待「恃才傲物」者

現實生活中，我們經常聽到有人議論：「某人確實有才，但就是自命不凡」、「某人恃才傲物」。「恃才傲物」者，確實是領導工作中經常遇到的一種對象。領導者若處理不當，輕則落個心胸狹窄、不能容忍的印象；重則可能使人才遭到排擠、部門工作不能有聲有色展開。那麼，主管應該怎樣對待恃才傲物的下屬呢？

所謂恃才傲物者，一般多是有才華、有主見、有稜角，但又不太好管理的人。一般有兩種：一種是確實有才學，但性格孤傲。英國著名政治家魯艾姆說過：「受過教育的人容易領導，但不容易進行壓制；容易管理但也不能進行奴役。」這種人一般都有主見，善於鑽研問題，不肯輕易放棄科學上有根據的東西，甚至有點「固執己見」。

這樣就容易被認為「驕傲自大」、「恃才傲物」。這種人才有以下特點：

① 愛提意見。古人說：千人之諾，不如一人之諤。其實這正是他們的可貴之處。

② 常「將」領導的軍。一些甘居外行的主管對此頗為反感。

③ 靠知識和能力工作，不做阿諛奉承。他們認為自己在人格上與任何主管都是平等的，不愛拉關係、走後門、找後臺、操作人身依附，尤其更以多數從事科學研究、學術研究的人才見長。

還有些人因為工作性質，跟大眾聯繫較少，也易被人們稱之為「孤芳自賞」、「清高自傲」。如果不加分析，一概視他們為「恃才傲物」，則是片面的。

主管對待「恃才傲物」的下屬，應有以下三點要注意把握：

① 善於識別，辨才識才。什麼是真正的「恃才傲物」，什麼是極端的「剛愎自用」，什麼是「真知灼見」，什麼是「固執己見」，首先要劃清「人才」與「非人才」的區別。一般來說，真正有才的人發表意見往往從實際出發，出以公心，敢負責任，勇於堅持正確意見；而盲目自高自大、目空一切者，則往往以個人名利為重，從主觀願望出發，頑固堅持錯誤主張。

② 心胸開闊，大度容才。主管階級要特別做到能容人，虛懷若谷，從善如流。一個高明的主管應懂得一個公司能不能容才、會不會用才，是這個公司事業發展興旺不興旺的標誌。人才興則事業興，人才衰則事業衰。主管要善於「以部下的光榮為自己的光榮，以部下的驕傲為驕傲，以部下的成功為自己的成功」。

③ 嚴格要求，鍛「才」成長。作為人才，不可能是完人，特別是有些恃才傲物者，身上的缺點還相當明顯。作為主管，則要認真履行起職責，既要關心、愛護他們，又要嚴格要求他們。特別是對有性格缺陷的人，更要嚴格要求他們，幫助其盡快完善人格修養。

(2) 忍下屬的短處，「偏袒」下屬的錯誤

領導者應該勇敢保護那些略有瑕疵的優秀人才，尤其要能容忍下屬的短

處，甚至「偏袒」下屬的短處，其用意當然不是喜歡或者縱容下屬的短處，而是另有所圖。

在多數情況下，領導者圖的是以下幾方面的好處：其一，為了好好發揮和利用下屬的長處；其二，贏得人心，進一步密切上下級的關係；其三，大大提高自己在大眾中的聲譽，有意將自己塑造成寬厚、豁達的領導者的新形象；其四，為了實現某個既定的管理目標。因此，在權衡利弊，決定取捨時，領導者必須本著「得」大於「失」的行為準則來行事，只有當容短護短這一行為本身不超過某條臨界線時，採取容短護短的方法，才是有價值的，可行的。

在不超越臨界線的前提下，領導者在具體運用容短護短原則時，仍然面臨著十分廣闊的選擇餘地。這時候，作為一個精明的領導者，就應該充分利用手中執掌的選擇權，靈活掌握容短護短的「度」，放手大膽「袒護」自己的下屬。例如：

① 在可寬可嚴的情況下，只要下屬了解就好，大眾又能諒解，就應從寬處置。

② 在可早可晚的情況下，對於下屬的過失，不妨拖一拖，擱一擱，待事後再做處理，或者給下屬一個將功補過的機會，視其表現如何，再做處理。

③ 在可高可低的情況下，不妨將下屬的缺點評估得低些，將下屬的過失性質評估得輕些。充分利用用人行為伸縮度向人們提供的選擇自由，做出「偏袒」下屬的用人抉擇。

④ 在可大可小的情況下，對於下屬的短處或過失，不妨大事化小、小事化了，盡量縮小處理的規模以及處理後產生的影響面。總之，靈活掌握容短護短的「度」，是在合理的「選擇圈」內進行的，它利用

的是人們的認知「彈性」，而不是人們的「認知誤差」和「行為誤差」。領導者在具體運用容短護短原則時，應該充分注意這一點，否則，就會步入誤區，出現重大用人失誤。

獲取理想的容短護短效果，不僅需要嚴格掌握界線，靈活掌握選擇度，而且還需要巧妙運用各種最有效的方法，恰到好處將領導者的用意傳遞給下屬，使下屬既能明白領導者為什麼要偏袒他，以此激發起他的積極性和創造性；又能使下屬在不感到難堪的情況下願意接受主管對他的偏袒，從而保護下屬的自尊心和自愛心。在這方面，領導者可供選擇的行之有效的容短護短法有很多，其中比較常見的有：

① 在下屬偶犯過失，懊悔莫及，已經悄悄採取了補救措施時，未造成重大後果，性質也不甚嚴重，領導者就應該不予過問，以避免損傷下屬的自尊。一件工作、一項任務完成以後，經理要充分肯定下屬為此付出的努力，把成績講足，客觀分析他們的失誤，把問題講透。這樣其工作得到承認，不足也得到指點，就會在以後的工作中揚長避短，提高自己。特別需要注意的是，對那些勤懇工作、超負荷運轉和善於創新的下屬要格外愛護。在一般情況下，他們的失誤可能多些，他們更需要關心和支援、理解。

② 在即將交給下屬一件事關全域的重要任務時，為了讓下屬放下包袱，輕裝上陣，領導者不要急於計較他過去的過失，可以採取暫不追究的方式，再給他一次將功補過的機會，甚至視具體情節的輕重，乾脆減免對他的處分。

③ 護短之前，不必大肆聲張，護短之後，也毋須用語言來點破，更不需要主動找下屬談話，讓下屬感謝自己，唯有一切照舊，若無其事方能收到最佳效果。

④ 當下屬在工作中犯了錯誤，受到大家責難，處於十分難堪的境地時，作為領導者，不應落井下石，更不要抓替罪羊，而應勇敢站出來，實事求是為下屬辯護，主動分擔責任，這樣做不僅拯救了一個下屬，而且將贏得更多下屬的心。

⑤ 關鍵時刻護短一次，勝過平時護短百次，當下屬處於即將提拔、晉級的前夕，往往會招致眾多的挑剔、苛求和非議，這時候，作為一個正直的領導者，就應該站在公正的立場上，奮力挫敗嫉賢妒能者壓制冒尖的歪風邪氣，勇敢保護那些略有瑕疵的優秀人才。

有人曾經指著擺在一起的幾十盆青松，要別人辨認，看哪些是真松，哪些是假松。這些青松形狀、色澤一模一樣，可是有人很快辨出真假。旁人問其原因，他說:「這很簡單，只要細看那枝葉，凡有小小蟲眼的，定是真松。」這就叫無疵不真。辨物如此，識人也一樣。「金無足赤，人無完人。」經理在識別人才時，就應該正視這種現實，不要用「完美」的觀點看人，死死抓住一些小毛病不放，而要以善意的態度了解一個人的全部情況，分析一個人的所有特點，從中找出長處。

作為主管，要實現自己的意圖，必須與下屬取得溝通，而富有人情味是溝通的一道橋梁。它可以有助於上下雙方找到共同點，這種共同意識可以消除隔膜，縮小距離。

第三件大事：獎與罰

領導者管人必須依靠獎懲手段，做到該獎則獎，該懲則懲，兩者分明，這樣就能明紀，讓大家都有奮鬥的目標。

(1) 獎勵原則

獎勵，是指對某種行為進行獎賞和鼓勵，促使其保持和發揚某種作用和作為。獎勵的方法是多種多樣的，一般分為物質獎勵和精神獎勵，以及兩種獎勵的結合。物質獎勵滿足人們的生理需要，精神獎勵滿足人們的心理需要。為了增強獎勵的激勵作用，實行獎勵時應注意下列技巧性問題：

①物質獎勵和精神激勵相結合

進行獎勵，不能把「金錢萬能」當做口號，也不能單純執行「精神萬能」，應當把物質獎勵和精神激勵相結合。

②創造良好的獎勵氣氛

要發揮獎勵的作用，就要創造一個「先進光榮，落後可恥」的氣氛。在獲獎光榮的氣氛下獎勵，能使獲獎者產生榮譽感，更加積極進取。未獲獎者產生羨慕心理，奮起直追。而在平淡的氣氛下獎勵，降低了獎勵在人們心目中的地位，很難發揮激勵作用。

③及時予以獎勵

這不僅能充分發揮獎勵的作用，而且能使員工增加對獎勵的重視，過期獎勵成了「馬後炮」，不僅會削弱獎勵的激勵作用，而且可能使員工對獎勵產生冷淡心理。唐代著名的政治家柳宗元認為「賞務速而後有勸」，他主張「必使為善者，不越月逾時而得其賞，則人勇而有焉」。他說的「賞務速」就是獎要及時的意思。同時，獎勵要及時兌現，取信於民。「信」是立足之本，言而無信，當獎不獎，員工就會感到受騙，從而產生反感情緒。

④獎勵要考慮受獎者的需要和特點

獎勵只有能滿足受獎者需要，才會產生激勵作用。因此，獎勵者應注意摸清受獎者需要什麼，不需要什麼，根據不同需要給予不同獎勵。

(2) 懲罰原則

懲罰的作用在於使人從懲罰中吸取教訓，消除某種消極行為。懲罰的方法也是多種多樣的，如檢討、處分、經濟制裁、法律懲辦等。懲罰作為一種教育和激勵手段，本來是一般人所不歡迎的，因為它不是人們的精神需要，如果掌握不好，則容易傷害被懲罰者的感情，甚至受罰者為之耿耿於懷，由此消極和頹唐下去。但是，只要我們講究懲罰的藝術，不僅可以消除懲罰所帶來的副作用，還能夠收到既教育被懲罰者又教育了別人，化消極因素為積極因素的效果。實行懲罰要注意以下幾點：

①懲罰與教育相結合

懲罰的目的是使人知錯改錯，棄舊圖新。因此，要把懲罰和教育結合起來。這個結合的常用公式是「教育 —— 懲罰 —— 教育」。就是說，首先，要注意先教後「誅」，即說服教育在先，懲罰在後，使人知法守法，知紀守紀。這樣做可以減少犯錯誤和違紀行為，即使犯了錯誤，因為有言在先，在執行法紀時，也容易認知錯誤，樂於改正。如果不教而「誅」，則人們就會不服氣，產生怨氣。其次，要做好實施懲罰後的反省工作，使他正確對待懲罰，幫助他從錯誤中吸取教訓，改正錯誤。

②一視同仁，公正無私

懲罰對任何人都要一視同仁，要以事實為依據，以法律為準繩，不感情用事。對同樣過錯，不能因出身、職位、聲譽和親疏緣故而處理不一，表現出前後矛盾，甚至輕錯重處，重錯輕處。這樣的懲罰只會渙散人心，鬆懈鬥志，毫無激勵的價值。

要做到公正無私，首先要「懲不畏強」。不能欺軟怕硬，懲弱怕強。要勇於硬碰硬，特別對於那些逞凶霸道、蠻不講理之徒，要拿出魄力，看準「火候」，勇於懲治那些害群之馬。這樣做，能夠警醒一批協從者，教育一些追隨者，使廣大正直的人們為之拍手稱快，幹勁倍添。其次，要「罰不避親」。要做到「親者嚴，疏者寬」，對於親近者的過錯更要果斷而恰如其分的處理，不徇私情，必要時要「大義滅親」。只有這樣，才能贏得大眾的擁護，從而激起人們的工作熱情。

③掌握時機，慎重穩妥

一旦查明事實真相就要及時處理，以免錯過良機，造成更大危害。適時是指掌握恰當的時機，看準火候。什麼是懲罰的最佳火候呢？其一，事實已查清，問題性質已分清；其二，當事人已冷靜下來，對問題有所認知；其三，其錯誤的危害性已為大眾所意識到。具備這三個條件，就是懲罰的恰當時機。這三個條件要靠懲罰者去創造，不能消極等待時機。懲罰，還應注意穩妥，不能直接做，有的適合放一放，以免激化矛盾。特別是對一個人的首次懲罰，更要慎重穩妥，要十分講究方式、方法。當然，也不能久拖不決，否則，時過境遷，就會降低懲罰的效果。

④功過分明

功與過是兩種性質完全不同的行為要素。功就是功，過就是過，不能混同，也不能互相抵消。因此，在實施激勵時，有功則賞，有過必罰，功過要分明。絕不能因為某人過去工作有成績或立過功，就對他所犯的錯誤姑息遷就，所謂以功抵過。這樣做對他自己、對團體都沒有好處，只有害處。同樣，也不能因為一個人有了錯誤，而一筆抹殺他過去的成績，或對他犯錯誤後所做的成績不予承認，不予獎勵。這樣做也是不利於犯錯誤者進步的。對於一個人犯錯誤以後做出的成績，更應注意給予肯定和獎勵，這樣才能使他們看到自己的進步。

獎勵只有能滿足受獎者需要，才會產生激勵作用。獎勵者應注意摸清受獎者需要什麼，不需要什麼，根據不同需要給予不同獎勵。懲罰的目的是使人知錯改錯，棄舊圖新。因此，要把懲罰和教育結合起來。這個結合的常用公式是「教育 —— 懲罰 —— 教育」。

第四件大事：沉與浮

人活一輩子不可能做到一帆風順，一生當中總會遇到跌倒的時候。但是不管怎麼樣，無論你因為什麼跌倒了，跌得如何，一定要記住：爬起來！

在跌倒後又爬起來的一剎那，已經證明你擁有了成功的最大強項 —— 承受任何打擊的決心。

為什麼一定要爬起來，原因主要有以下幾個理由：

人性是看上不看下，扶正不扶歪的。你跌倒了，如果你本來就不怎麼樣，那別人會因為你的跌倒而更加看輕你；如果你已有所成就，那麼你的跌倒將是許多心懷嫉意的人眼中的「好戲」。所以，為了不讓人看輕，保住你的尊嚴，你一定要爬起來！不讓他人小看，不讓他人笑看。

如果你因為跌重了而不想爬，那麼不但沒有人會來扶你，而且你還會成為人們唾棄的對象。如果你忍著痛苦要爬起來，遲早會得到別人的協助；如果你喪失「爬起來」的意志與勇氣，當然不會有人來幫助你，因此，你一定要爬起來！

一個人要成就事業，其意志相當重要。意志可以改變一切，跌倒之後忍痛爬起，這是對自己意志的磨練，有了如鋼的意志，便不怕下次「可能」還會跌倒了。因此，為了你以後漫長的人生道路，你一定要爬起來！有時候人的跌倒，心理上的感受與實際受到傷害的程度不一樣，因此你一定要爬起來，這樣你才會知道，事實上你完全可以應付這次的跌倒，也就是說，知道自己的能力何在，如果自認起不來，那豈不浪費了大好才能？

總而言之，不管跌的是輕還是重，只要你不願爬起來，那你就會喪失機會，被人看不起，這是人性的現實，沒什麼道理好說。所以你一定要爬起來，並且最好能重新站立起來。就算爬起來又倒了下去，至少也是個勇敢者，但絕不會被人當成弱者。

人們對於跌倒的人總會說:「在哪裡跌倒，就在哪裡爬起來。」其實不然，你完全可以在別的地方站起來！

「在哪裡跌倒，在哪裡爬起來」是不逃避失敗的一種態度，同時也可讓同行的人了解「我某某某起來了」！但你必須先確定你走的路是對的，如果跌倒之後，發現原來是走錯了路，也就是說，你走的是一條不能發揮你的專長，不符合你性格的路，如果是這樣，為什麼不能在別的地方爬起來呢？現實生活中就有不少人做過很多事，最後才找到適合他的行業。而且，只要能夠成功，誰還在乎你從哪裡爬出來的？

征服畏懼，戰勝自卑，不能誇誇其談，止於幻想，而必須付諸實踐，見於行動。建立自信最快、最有效的方法，就是去做自己害怕的事，直到獲得成功。

(1) 突出自己，挑前面的位子坐

在各種形式的聚會中，在各種類型的課堂上，後面的座位總是先被人坐滿，大部分占據後排座位的人，都希望自己不會「太顯眼」。而他們怕受人注目的原因就是缺乏信心。

坐在前面能建立信心。因為敢為人先，敢上人前，勇於將自己置於眾目睽睽之下，就必需有足夠的勇氣和膽量。久之，這種行為就成了習慣，自卑

也就在潛移默化中變為自信。另外，坐在顯眼的位置，就會放大自己在領導及老師視野中的比例，增強反覆出現的頻率，起到強化自己的作用。把這當做一個規則試試看，從現在開始就盡量往前坐。雖然坐前面會比較顯眼，但要記住，有關成功的一切都是顯眼的。

(2) 睜大眼睛，正視別人

眼睛是心靈的窗口，一個人的眼神可以折射出性格，透露出情感，傳遞出微妙的資訊。不敢正視別人，意味著自卑、膽怯、恐懼;躲避別人的眼神，則折射出陰暗、不坦蕩心態。正視別人等於告訴對方：「我是誠實的，光明正大的；我非常尊重，喜歡你。」因此，正視別人，是積極心態的反映，是自信的象徵，更是個人魅力的展示。

(3) 昂首挺胸，快步行走

許多心理學家認為，人們行走的姿勢、步伐與其心理狀態有一定關係。懶散的姿勢、緩慢的步伐是情緒低落的表現，是對自己、對工作以及對別人不愉快感受的反映。倘若仔細觀察就會發現，身體的動作是心靈活動的結果。那些遭受打擊、被排斥的人，走路都拖拖拉拉，缺乏自信。反過來，透過改變行走的姿勢與速度，有助於心境的調整。要表現出超凡的信心，走起路來應比一般人快。將走路速度加快，就彷彿告訴整個世界：「我要到一個重要的地方，去做很重要的事情。」步伐輕快敏捷，身姿昂首挺胸，會給人帶來明朗的心境，會使自卑逃遁，自信滋生。

(4) 練習當眾發言

面對大庭廣眾講話，需要非常大的勇氣和膽量，這是培養和鍛鍊自信的重要途徑。在我們周圍有很多思路敏銳、天資頗高的人，卻無法發揮他們的長處參與討論。並不是他們不想參與，而是缺乏信心。

在大眾場合，沉默寡言的人都認為：「我的意見可能沒有價值，如果說出來，別人可能會覺得很愚蠢，我最好什麼也別說，而且，其他人可能都比我懂得多，我並不想讓他們知道我是這麼無知。」這些人常常會對自己許下渺茫的諾言：「等下一次再發言。」可是他們很清楚自己是無法實現這個諾言的。每次的沉默寡言，都是心中又一次缺乏信心的毒素，他會越來越喪失自信。

從積極的角度來看，如果盡量發言，就會增加信心。不論是參加什麼性質的會議，每次都要主動發言。有許多原本木訥或者口吃的人，都是透過練習當眾講話而變得自信起來的，如蕭伯納、田中角榮、狄摩西尼等。因此，當眾發言是信心的「維他命」。

(5) 學會微笑

大部分人都知道笑能給人自信，它是醫治信心不足的良藥。但是仍有許多人不相信這一套，因為在他們恐懼時，從不試著笑一下。

真正的笑不但能治癒自己的不良情緒，還能馬上化解別人的敵對情緒。如果你真誠向一個人展顏微笑，他就會對你產生好感，這種好感足以使你充滿自信。正如一首詩所說：「微笑是疲倦者的休息，沮喪者的白天，悲傷者的陽光，大自然的最佳營養。」

> 「跌倒」並不代表你失敗了，只不過是你通向成功道路上一次的摔倒，此時你必須站起來，才能向成功靠近，躺在地上是不會有任何機會的。

第五章
盯住細節：小細節也能成就大事業

老子曾說：「圖難於其易，為大於其細。天下難事必做於易，天下大事必做於細。」危機往往是在不經意間累積的，成功也是有許多細節累積而成的。在很多時候，一個人的成敗就取決於某個不為人知的細節。

細節一：管人需從細微處入手

對於一些企業的主管來說，不管是大型企業還是中小企業，領導者所要面對的，無外乎人、事二字。儘管管人和管事是相互關聯的，人中有事，事中有人，但管人和管事還是有所不同的。歸根究柢一句話，無人就無事，管事還要先管人，管人是管理之根本。

「企」字以「人」字當頭，只有管好人，才能管好企業。企業領導者要管好企業，必須學會管人。當今時代是知識經濟時代，企業之間的競爭，歸根結蒂是人才的競爭，而人才競爭的勝負，在很大程度上取決於領導者的細節管理。

管人之所以被稱為藝術，就因為這是一項極其複雜而且極其費心勞神的工作。正如一個木匠不能只用錘子就解決所有問題一樣，沒有誰能讓一名領導者一夜之間精通各種管人之術，沒有誰能讓一名領導者一夜之間從平庸走向優秀。

美國西點軍校的格蘭特將軍也說過：「細枝末節是最傷腦筋的。」是的，天下大事，必作於細。展示完善的自己很難，需要每一個細節都完美，但毀壞自己很容易，只要一個細節沒有注意到，就會給你帶來難以挽回的影響。

管人同樣如此。真正優秀的領導者，能夠在管人過程中不斷發現細節、注重細節並應用細節的。

(1) 當好表率，為下屬樹立榜樣

「火車跑得快，全憑車頭帶」，而領導者無疑是企業裡的車頭，為你的員工起帶頭作用。這就要求領導者在企業裡作好表率，為下屬樹立榜樣。榜樣非常重要，因為人們透過他們的眼睛來獲取資訊，他們看到你做的比聽到你

說的效果要大得多。你所說的要與榜樣一致，比如老闆規定上班時間從早上九點至晚上五點，而自己十點才露面，四點鐘就沒影了，別人的錯誤拿來大家討論，自己的錯誤從不提起，還希望自己的行為有感染力，那下屬就會困惑了。

對主管而言，能夠成為下屬的榜樣，並非易事，要靠自己平時的工作技巧才能做到。

以身作則不是整天在下屬面前喊喊口號就可以了，真才實學永遠比口號更重要，且更能讓你的下屬欽佩有加。

你應該永遠記住這句話：主管是被學習的榜樣，不是被讚揚的對象。給別人樹立學習的榜樣，遠不是一件容易的事情，那意味著必須時時刻刻不斷加強我們在孩提時代，從教會學校那裡聽來的那些傳統的個人品格。

樹立榜樣就意味著去發展諸如勇氣、誠實、隨和、不自私自利、可靠等等個人品格特徵。為別人樹立學習榜樣，也意味著堅持道義的正確性，甚至當這種堅持需要你付出很高代價的時候，也得堅持。看著你的腳印走，去做正確的事情。

你的下屬將永遠把你看作他們的領導者，看作學習的榜樣。由於你自己能夠履行上司的義務並能以身作則表現出榜樣的風範，你的下屬就會尊敬你，為你而感到驕傲，而且會產生一種想達到你那樣高的境界的強烈願望。

在一個企業，成功的領導者要為屬下做到以下的榜樣：

① 高標準學習的榜樣；

② 努力工作的榜樣；

③ 完美社交的榜樣；

④ 誠實可信的榜樣；

⑤ 勤於健身的榜樣。

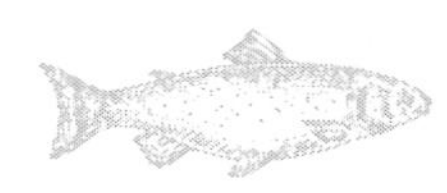

(2) 你可以責罵，但不要輕蔑

你可以責罵，但不要輕蔑。如此簡潔卻又如此精闢的一句話，它道出了一個主管對員工所應持有的正確的態度：尊重員工，尊重人格。

一個企業員工的人格能否得到真正的尊重，反映了這個企業的人力資源的管理是否得到了真正的重視。尊重員工的人格是實實在在的，而不只是做些樣子。

摩托羅拉公司始終以「肯定個人尊嚴」為管理的基本理念，對人保持不變的尊重。

松下電器公司成功的一個重要因素是「松下精神」，「松下精神」的一個重要內容就是允許犯錯誤。在談到「松下精神」時，松下幸之助有一句名言：如果你犯了一個誠實的錯誤，公司是會寬恕你的，把它作為一筆學費。

員工興則公司興。把企業的生死存亡與員工關聯在一起，展現了企業對人的重視。重視人的作用，注意培養員工和公司「共存共榮、強存強榮」的士氣，企業就能立於不敗之地。

(3) 多想想員工的感受

領導者需要知道員工的感受，並且在處理自己的工作時應該把這點也考慮進去。通常，在你認為你考慮了員工的感受時，你真正在做的，只不過是想如果你站在他們的立場時，你會怎麼想，你會怎麼做。如果你不再揣測員工的感受，又沒有從他們那裡得到足夠的資訊，你肯定會暴露對員工了解的不足。一旦你把一些莫須有的看法套在員工身上，員工就會對你失去信心，並會因為你不了解他們而感覺受到了傷害。有時候在極端的情況下，他們會覺得受到了玩弄而變得反抗性十足。

對員工而言，我們是站在河的另一邊。所以一般來說，他們往往只能從自己的利益或觀點來看事情。這就要求領導者要養成換位思考的習慣，經常去站在對方的立場上，感覺一下他們的看法是什麼？這在一定程度上是源自每個人固有的以自我為中心的意識。

如果你想要了解員工，做個受歡迎的領導者，那麼你必須這樣做：讓他們說話，試著讓自己站在他們的立場上考慮問題。

(4) 不輕易讓員工的利益縮水

我們都生活在經濟的社會裡，利益對人的誘惑力是很大的，用利益來吸引員工是常用的方法。因此，給予員工的利益，只有逐步增加，而不能減少。空頭支票或員工不願意接受的替代物，都會遭到反對。這是一條不變的戒律。

要減少員工已經得到的利益，必定要遭到員工的強烈反對，不論你的理由是什麼。人們對於已到手的東西絕不肯輕易放棄，而且人們對於任何一種改變都有一種排斥的情緒。即使這種改變是有益的，在員工沒有充分理解、體會到改變所帶來的好處前，他們也會持反對態度，人的自然反應就有一種是對新的、不同的東西有所抗拒。

如果領導者要剝奪員工的既得利益，不僅會遭到員工的反對，會使領導者的威信喪失殆盡，還會造成其他惡果，甚至使公司的業績受到一定的影響。

(5) 有距離才有威嚴

古代大聖人孔子說過一句話：「臨之以莊，則敬。」這句話意思是說，領導者不要和下屬過分親近，要與他們保持一定的距離，給下屬一個莊重的面孔，這樣就可以獲得他們的尊敬。

主管與下屬保持距離，具有許多獨到的駕馭功能：

第一，可以避免下屬之間的嫉妒和緊張。如果領導者與某個下屬過分親近，勢必在下屬之間引起嫉妒、緊張的情緒，從而人為造成不安定的因素。

第二，與下屬保持一定距離，可以減少下屬對自己的恭維、奉承、送禮、行賄等行為。

第三，與下屬過分親近，可能使領導者對自己所喜歡的下屬的認識失之公正，干擾用人原則。

第四，與下屬保持一定的距離，可以樹立並維護領導者的權威，因為「近則庸，疏則威」。

作為一名主管，要善於把握與下屬之間的遠近親疏，使自己的領導職能得以充分發揮其應有的作用，這一點是非常重要的。

有些主管想把所有的下屬團結成一家人似的，這個想法是很可笑的，事實上也是不可能的，如果你現在正在做這方面努力，勸你還是趕快放棄。

退一步說，即使你的每一個下屬都與你拜把結交，親如同生兄弟。但是，你想過沒有，你既然是本部門、公司的主管，那麼，你與下屬之間除去有親兄弟般的關係以外，還有一層上下級的關係。當部門、單位的利益與你的親如兄弟的下屬利益發生衝突、矛盾時，你又該如何處理呢？

所以說，與下屬建立過於親近的關係，並不利於你的工作，反而會帶來許多不易解決的難題。

在你做出某項決定要透過下屬貫徹執行時，恰巧這個下屬與你平常交情甚厚，不分彼此。你的決定很可能會傳到這個下屬的手中，他如果是一個通情達理的人，為了支援你的工作，會放棄自己暫時的利益去執行你的決定，這自然是最好不過的。

但是，如果他是一個不曉事理的人，他就會立即找上門來，依靠他與你之間的關係，請求你收回決定，這無疑是給你出了一個大難題。

你如果要收回決定的話，必然會受到他人的非議，引起其他下屬的不滿，工作也無法展開。

不收回，就會使你與這位下屬的關係出現惡化，他也許會說你是一個太不講情面的人，從而遠離你。

與下屬關係密切，往往會帶來許多麻煩，導致領導工作難以順利進行，影響領導形象。所以，請你記住這句忠告：「城隍爺不跟小鬼稱兄弟」。

(6) 好處不輕給，不濫給，不吝給

所謂「不輕給」就是「不輕易給對方」，總是要讓員工為這「好處」吃一些苦頭，讓他在「付出」之後才「得到」，這樣子他才會珍惜這「得來不易」的好處。如果你因為身上有太多「好處」而隨便給人，或想以「好處」來討別人歡喜，那麼不但他不會珍惜這些「好處」，對你也不會有任何感激之心，反而還會嫌少、嫌不夠好，甚至一再向你要好處，你如不給或給得不如前次好、不如前次多，對方便要怪你、恨你，比你不給他好處還怨得深、恨得厲害。

不過，「不輕給」也要拿捏分寸，如果你是故意不給，或擺明有意要在「折磨」他之後才給，那麼你也有可能結怨。你要向對方顯示，你的「好處」其實不如他所想的那麼好那麼多，要給他也有身不由己的困難，或是還要與他人「研究研究」等等。決定給他好處了，你也要讓他知道，你是如何費盡九牛二虎之力才促成這件事的，這種情況下，對方對你的感謝自然不在話下。

「不濫給」就是「不亂給」，該給多少都要有準則，否則會出現和「輕給」一模一樣的後遺症，而且還會造成是非不明的結果。

至於「不吝給」，這和「不輕給」、「不濫給」是沒有矛盾的。「不吝給」是指應該給、必須給、不得不給時，就要毫不吝惜的給，慷慨大方的給；不

怕給得多，只怕給得少。這種情形包括獎賞有功的員工時、要重用某人時、要收買人心時，以及情勢所迫時。如果你給得少，給得不乾脆，那麼這「好處」就不能顯現出應有的效果！

> 一個人的心態決定著一個人的命運，企業管理者的心態也決定著企業的命運。

細節二：成功的溝通是從細節開始的

對於管理者來說，有效與下屬進行溝通是非常重要的工作。任用激勵授權等多項重要工作的順利展開，無不有賴於上下溝通順暢。要做到有效溝通就要從以下幾個方面做起：

(1) 提高自身表達能力

無論是口頭交談還是採用書面交流形式，都要力求準確表達自己的意思。為此，管理者應了解資訊接受者的學歷、經驗和接受能力，根據對方的具體情況來確定自己表達的方式和表達的程度等；選擇準確的詞彙、語氣、標點符號；注意文字邏輯性和條理性，對重要的地方要加上強調性的說明；藉助於手勢、動作、表情等來幫助與資訊接收者在想法和感情上的溝通，以加深對方的理解，提高溝通的效果。

(2) 建立合理溝通體系

企業內部人員眾多、機構複雜、資訊流量大，為了使資訊能有序的流動，管理者一定要建立穩定合理的溝通體系，以便控制企業內部的橫向及縱向的資訊流動，使各部門及員工都有固定的資訊來源，該從哪裡得到資訊就從哪裡得到資訊，該知道什麼就知道什麼。這樣可以避免企業內部流言四起，擾亂整個企業的正常運轉。

(3) 注重回饋

管理者要注重回饋，提倡雙向交流，讓員工重述所獲得的資訊或表達他們對資訊的理解，從而檢查資訊傳遞的準確程度和偏差所在。為此，管理者要善於體察，鼓勵接收者不懂就問，並且注意傾聽回饋意見。沒有回饋，管理者就無法知道接收者是否真正理解了資訊。管理者可以透過直接或間接的詢問「測試」員工，以便及時調整陳述方式，使接收者更容易理解資訊。回饋方式可以是語言表述，也可以是非言語的，可以從對方的動作、表情等方面獲得，它們往往是員工潛意識的流露。

(4) 注意選擇合適的時機

由於所處的場合、氣氛、溝通雙方的情緒會影響溝通的效果，所以溝通要選擇合適的時機。對於重要的資訊，在辦公室會議廳等正規的地方進行交談，有助於雙方集中注意力，從而提高溝通效果；而對於思考上或感情方面的溝通，則適宜於在比較隨便、輕鬆場合下進行，這樣便於雙方消除隔閡。

而且，管理者在溝通時要選擇雙方情緒都比較冷靜的時候，避免不利的情緒影響溝通效果；如果溝通雙方對資訊本身都理解，但感情上不願意接受時，管理者身體力行可能是最好的溝通方式。

(5) 注重非言語提示

如果溝通雙方能夠準確的把握非言語資訊並有意識的加以運用，則會在很大程度上跨過言語溝通本身的一些固有障礙，提高溝通效率。

在面對面的溝通中，管理者要給予對方合適的表情、動作和態度等非言語提示，並使之與所要表達的資訊內容相配合。非言語資訊是展現交流雙方內心世界的視窗，一個成功管理者必須懂得辨別非言語資訊的意義，充分利用它來提高溝通效率。這就要求管理者在溝通時要時刻注意交談的細小問題，不能忽視員工的想法和感受。

溝通是總經理用權的開路先鋒，行之有效的溝通，要時刻注意交談的細節問題。

細節三：委派工作時應注意的細節

當前，管理忽視細節，是不少企業的通病。如何在激烈的市場競爭中立於不敗之地，是每個企業面臨的重大課題。企業只有注意管理細節，在每一個細節上下足工夫，才能讓員工提高工作效率。

從某種程度上講，管理就是恰當分配。面對各個工作細節，各種不同類型的人，如何分配工作？怎樣分配工作既讓員工信服，又不失魅力呢？答案很簡單，就是身為公司老闆的你一定要懂得分配工作，否則，你將處處受阻。

分派工作就是把工作分別託付給其他人去做。這並不是把一些令人不快的工作指派給別人去做，而是下放一些權力，讓別人來做些決定，或是給別人一些機會來試試像你一樣做事。而有許多公司老闆都不願意放下他們原先的工作，而是把更多新的責任加在自己身上。但事實上，不卸下舊擔子，又背上新的包袱，你就會被累垮的。

人事心理學認為，每一種工作都有一個能力要求值，即每件工作都需恰如其分的某種智力水準。只有這樣才能使工作效率充分發揮出來，也可避免人才浪費。因此，要按照每一位員工各自不同的才能和資質分配不同的工作，要怎麼樣才能把工作安排得妥妥當當，就得看你這位公司老闆的細節工作的能力了。

對工作類型和工作方式，每個人都有個人的需求和喜好，這些喜好可以是環境方面的、任務方面的，也可以是關係方面的。

醫生大多建議人們與他人共同工作，但是也有些人更願意獨立工作，也許與他人很少或根本沒有接觸，會讓他的工作更出色。

盡量讓任務及完成任務的方式符合個人喜好，如果不能使某項工作符合部屬的需求和需要，就要考慮把該部屬換到其他類型的工作上。

部屬與工作搭配得越好，業績也就越好。

每個人都有獨特的知識、技能、能力、態度和才能，每個優秀的部屬都是一個特殊的組合，為了最充分利用這些資源，要允許部屬按自己的喜好改變工作方式。

在設計或重新設計一項工作時，要考慮正在此職位上工作的部屬，應該充分利用該部屬的長處，以最有效的方式分配公司的各種職責。

透過分配不同的任務給團隊成員，能夠大大提高生產力和部屬的滿意程度，他們對任務安排方式，尤其是安排給自己的任務越發滿意，就越有可能留下來。

一個可由單人完成的工作，如果是由兩人或多人合作來完成，可以帶來更多的樂趣，而且完成得更迅速，更有效率，也更有效果。

工作環境應該在空間上、職責上和心理上有利於部屬共同工作，如果不是，則應作適當的調整以利於團隊工作模式。

卡內基就是一個分配工作的高手，他本人對鋼鐵的製造，鋼鐵生產的工藝流程，照他自己的話說，知之甚少。但他手下有三百名精兵強將在這方面都比他懂，而他僅僅只是善於把不同的工作合理分配給具有不同專長的員工來完成。這樣，由於他知人善任，分配工作內行，也就籠絡了許多比自己能力強的人聚集在他周圍，為他效命。最終，卡內基獲得了事業的成功，登上了美國鋼鐵大王的寶座。

在你分配一件工作之前，你應該分析一下你自己的工作擔子有多重，分析一下你部門裡可以利用的資源（人力、物力）有多少，分析一下你所有的可能做的選擇。挑出那些你直覺上感覺不錯的，邏輯上也行得通的選擇來做，而且，當一項工作完成了之後找出結果來。於是，工作分配的準備工作就做好了，接著就要運用一些原則和方法來指導你進行工作。

首先要以你所希望的結果為基礎分派工作，並告知員工工作的程式及步驟，讓他們了解，什麼是必須做的，而又應當如何做。同時，要給予充分的資訊和資料。

還要制定工作評估的標準。作為員工，他需要了解你對成功完成一件工作的標準是什麼，只有這樣，才能更好完成工作任務。

一般來說，人們喜歡做那些自己做得好的事情，而不喜歡做那些令人遭受挫折或者掌握起來有困難的事情。發現員工們不喜歡做哪些事情，就會知道他們缺乏哪些技能，從而妥善安排工作。

> 很多工作，一個人能做，另外的人也能做，只是做出來的效果不一樣，往往是一些細節上的人員安排，決定著完成的品質。

細節四：細枝末節顯權威

作為一位主管，都擁有那種職務直接產生的力量，也就是權力。這種權力乃是一把傳家寶刀，最好不要輕易拔刀出鞘。

在日常工作和生活中，領導者要想在眾多下屬面前具有影響力，就必須在平時的言行上來樹立自己的領導權威。否則，就會成為一盤散沙。因此，領導者在平時領導工作中，在言行上一定要注意以下幾個方面：

(1) 發布簡短、明瞭的命令，並且表現得好像別人毫無疑問服從它們；

(2) 對那些你無法接受的要求，立即且堅定做出適當的回應；

(3) 把自己私人的生活和問題留待自己解決；

(4) 不要詢問你部屬的私人生活，除非這樣對工作有直接的影響；

(5) 以平和的態度接受成功，把成功歸於你的命令被服從的事實；

(6) 以比正常略為緩慢的速度，清晰提出問題，等候回答；

(7) 當你和別人說話時，不要注意他們的眼睛，而看著他們前額的中央，眉毛上方半寸高的地方。這樣他們就很難讓你改變臉上的表現，這個表情通常就是你要讓步的第一個跡象。事先準備好一個結束談話的結尾，這樣示意談話結束，使你免於顯出笨拙的樣子；

(8) 不要嘗試強迫別人立即行動。大部分人會覺得受到壓迫，需要一點時間整理一下思緒。如果你顯露權威，他們還是會行動，但是最好讓人有緩衝期；

(9) 不要期待在那些你採取如此手段對待的人當中交到任何朋友；也不要試圖想除去任何一個人；

(10) 當你出錯時，不要承認這是個人的錯誤，比如，不要說：「我錯了。」而是說：「問題可以處理得更好。」

培養自己權力意識的人，最終也會建立起自己堅強的性格。如同學習技巧一樣，這也需要時間，最好的辦法是從小事做起並體會這效果。

不要憑藉發號施令來強迫別人立即行動，要知道揮鞭子往往不會有效果的，大多會反抗。其實你只要花費一點心思，就能顯露權威，不用大動干戈，他們就乖乖行動去了。

細節五：打造團隊精神也不要放過細節

增強團隊精神是每位主管必須做到的，只有強大的團隊才能在市場的浪潮中立於不敗之地，才能使公司不斷壯大。沒有強大的團隊，主管的工作魅力怎能得到下屬的認可呢？

換句話說，一個真正的團隊就是一群志同道合的哥們。

有個領導者胸有成竹的說：「就算你沒收我的生財器具，霸占我的土地、廠房，只要留下我的夥伴，我將東山再起，建立起我的新王國。」

我們看過一些非凡的領導者，他們好像有天生獨特的再生能力、魔力，可以在很短的時間內，扭轉乾坤，將一群柔弱的羔羊訓練成一支如雄獅猛虎般的管理團隊，所向披靡。

我們所說的團隊精神主要包含哪些方面的內容呢？

(1) 團隊成員相互尊重

這主要有兩方面的意思：一是特定團隊內部的每個成員之間能夠相互尊重，彼此理解；二是團隊的領袖或團隊的管理者能夠為團隊創造一種相互尊重的氛圍，確保團隊成員有一種完成工作的自信心。人們只有相互尊重，尊重彼此的技術和能力，尊重彼此的意見和觀點，尊重彼此對團隊的全部貢獻，團隊共同的工作才能比這些人單獨工作更有效率。

(2) 團隊內部充滿活力

一個團隊是否充滿活力，我們可以從以下三個方面看出來，這也是管理者要注意的地方。

①熱情

大家對共同工作滿意的程度如何？是否受工作的鼓舞？想做出成就嗎？成功對大家有無激勵？

②關係

團隊成員能愉悅相處並享受著作為團隊一員的樂趣嗎？團隊內有幽默的氛圍嗎？成員之間是否能共擔風險？這都對一個團隊的關係有很大的影響。

③主動精神

團隊是否有創造性的想法？是否積極思考，尋求問題的解決方案？能否發現機會，敢冒風險？團隊是否能提供團隊成員挑戰自我、實現自我的機會？

(3) 員工對團隊的高度忠誠

團隊成員對團隊有著強烈的歸屬感、一體感，強烈感受到自己是團隊的一員，絕不允許有損害團隊利益的事情發生，並且極具團隊榮譽感。

那麼，作為團隊中的一員，我們又應該從哪些方面培養自己的團隊合作能力呢？

(1) 讓自己得到大家的喜歡

你的工作需要大家的理解支援和認可，而不是反對，所以你必須讓大家喜歡你。除了和大家一起工作外，還應該盡量和大家一起去參加各種活動，或者禮貌的關心一下大家的生活。總之，你要使大家覺得，你不僅是他們的

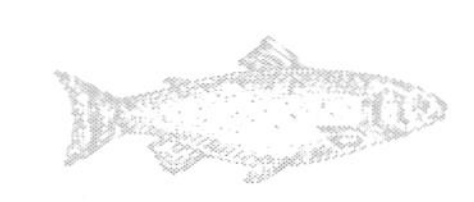

好同事，還是他們的好朋友，這對你展開工作也有很大的幫助。

(2) 尋找發覺團隊內積極的品格

其實在每個團隊中，每個成員的優缺點都是不盡相同的。你應該去積極尋找團隊成員積極的部分，並且學習他。讓你自己的缺點和消極因素在團隊合作中被消滅。團隊強調的是團體工作，較少有命令指示，所以團隊的工作氣氛很重要，它直接影響團隊的工作效率。如果團隊的每位成員，都積極尋找其他成員的積極因素，那麼團隊的合作就會變得很順暢，團隊整體的工作效率就會提高。

(3) 要對每個人寄予希望

誰都有被別人重視的需要，特別是那些具有創造性思維的知識型員工更是如此。有時一句小小的鼓勵和贊許就可以使他釋放出無限的工作熱情。並且，當你對別人寄予希望時，別人也同樣會對你寄予希望。

(4) 保持謙虛的態度

團隊中的每一位成員都可能是某個領域的專家，所以你必須保持足夠的謙虛。任何人都不喜歡驕傲自大的人，這種人在團隊合作中也不會被大家認可。你可能會覺得某個方面他人不如你，但你更應該將自己的注意力放在他人的強項上，只有這樣你才能看到自己的膚淺和無知。謙虛會讓你看到自己的短處，這種壓力會促使你自己在團隊中不斷進步。

(5) 時常檢查改正自己的缺點

你應該時常檢查一下自己的缺點，比如自己是不是還是那麼對人冷漠，或者還是那麼言辭鋒利。這些缺點在單兵作戰時可能還能被人忍受，但在團隊合作中就會成為你進步成長的障礙。團隊工作中需要成員一起不斷討論、研究，如果你固執己見，無法聽取他人的意見，或無法與他人達成一致，團隊的工作就無法進展下去。

團隊的效率在於配合的默契，如果這種默契不出現，團隊合作可能是不成功的。如果你意識到了自己的缺點，不妨就在某次討論中將它坦誠講出來，承認自己的缺點，讓大家共同幫助你改進。當然，承認自己的缺點可能會讓人尷尬，你不必擔心別人的嘲笑，你只會得到同伴的理解和幫助，從而發展自己的事業。

創造一支有效團隊，對管理人來說是有百益而無一害的，如果你努力做到的話，你將可以獲得以下莫大無比的好處：

(1) 「人多好辦事」，團隊整體動力可以達成個人無法獨立完成的大事。
(2) 可以使每位夥伴的技能發揮到極限。
(3) 成員有參與感，會自發性的努力去做。
(4) 促使團隊成員的行為達到團隊所要求的標準。
(5) 提供給追隨者足夠的發展、學習和嘗試的空間。
(6) 刺激個人更有創意，更好的表現。
(7) 三個臭皮匠，勝過一個諸葛亮，能有效解決重大問題。
(8) 讓衝突所帶來的損害減至最低。
(9) 設定明確、可行、有共識的個人和團體目標。
(10) 管理人與繼承人縱使個性不同，也能互相合作和支援。
(11) 團隊成員遇到困難、挫折時，會互相支援、協助。

請務必牢記在心：一支令人欽羨的團隊，往往也是一支常勝軍。

他們不斷打勝仗，不斷破紀錄，不斷改造歷史，創造未來。而作為偉大團隊的一分子，每個人都會驕傲的告訴周圍的人說：「我喜歡這個團隊！我覺得自己活得意義非凡，我永遠不會忘記那些大夥兒心手相連，共創未來的經驗。」

透過在團隊裡學習、成長，每位夥伴都會不知不覺重塑自我，重新認知每個人跟團隊的關係，在工作和生活上得到真正的歡愉和滿足，活出生命的意義。

一個真正的團隊能讓你如虎添翼、臨危不亂、所向披靡！

> 一個企業是由許多大小因素構成的，如果管理者不精於排兵布陣，把這些「因素」有效組織成一個整體，整個企業就會是一盤散沙。

細節六：借「小人物」之力成大事

一個領導者不能經常把眼光放在那些看起來很有作為的大人物身上。其實，你身邊的「小人物」可能就會對你在某件事上有幫助。要知道，人是最複雜的動物，你應該盡力去了解你的下屬中潛藏著哪些人物，他們各有哪些才能、特長，有什麼樣的家庭背景、社會關係等等。不要因自己一時的疏忽而耽誤了大事。

不要忽視「小人物」，在他們身上不經意的投入，有可能帶來意想不到的連鎖反應。

也許這些人有很不一般的家庭關係，其中就有人可以直接參與對你的提拔任免，你的行為正處於人家的監控之中，「授人以柄」豈不因小失大？

也許這些人頗有才華，幾年以後，其中會有人處於和你平等、甚至高於你的位置，這樣等於給自己樹立了未來的敵人，使你後悔莫及。早知如此，何必當初？

世界是不斷變化的，沒有一成不變的事情。「小人物」不會甘於永遠充當「小角色」，或許有一天也會變成「大人物」，多一個朋友總比多一個敵人強。或許當你消息閉塞時，會有一個你意想不到的朋友給你送來一則起死回生的消息，幫你力挽狂瀾；當你仕途低迷時，會有人扶你一把；或者在你的公司進行投票的時候，你這個大眾關係好的人所得的票數會比別人多。

下面的這則故事足以說明了這一點：中山國君宴請都城裡的軍士，有個大夫司馬子期在座，只有他未分得到羊羹。司馬子期一怒之下跑到楚國，勸說楚王來攻打中山國。中山君被迫逃走，他發現，在他逃亡時有兩個人拿著戈始終跟在他後面，而且還寸步不離保護他。中山君回頭問這兩個人：「你們是做什麼的？」兩人回答說：「我們的父親有一次快要餓死了，你把一碗飯給他吃，救活了他，我父親臨終時囑咐我們：『中山君如果有難，你們一定要盡死力報效他。』所以我們決心以死來保護你。」中山君感慨得仰天而嘆：「給予，不在於多少，而在於正當別人困難時你是否伸出了援助之手；怨恨，不在於深淺，而在於恰恰損害了別人的心。我因為一杯羊羹而逃亡國外，也因一碗飯而得到兩個願意為自己效力的勇士。」

古代裡的曹操更是因為對待「小人物」態度的不同而影響大業。在官渡之戰兵處劣勢時，曹操聽說袁紹的謀士許攸來訪竟顧不得穿衣服，赤著腳出來迎接，對許攸十分尊重。許攸感其誠，遂為曹操出謀劃策，幫了他的大忙。禮賢下士的曹操藉助這個「小人物」的力量成就了許多大事。

作為主管，一定不要輕視身邊的每一個人，包括你心目中的「小人物」。不要總是時時處處表現出高人一等的樣子，要知道，再有能力的人也不可能辦好所有的事情，再優秀的足球運動員也不可能一個人贏得整場比賽。在經營管理中，能人的因素至關重要，每個人都會給企業帶來效益。俗話說：「不走的路走三回，不用的人用三次。」說不定，有一天你心目中的「小人物」會在某個關鍵時刻成為影響你的前程和命運的「大人物」。

讓我們看看下面的故事，從中你可能會悟出一些道理。

有一家公司，行政部和財務部兩個部門的經理都是大學畢業，年齡、經歷相仿，都非常有才華。行政部門經理為人和善，善於走大眾路線。在日常工作中，對下屬分寸得當，恩威並施。在業務上嚴格要求，從不放鬆，但偶爾出了什麼差錯，他卻總能為下屬著想，主動承擔責任，為下屬擔保，從而很得民心。每當出差，總是不忘帶點小禮物、小玩意，給每一個下屬一份愛心。

而財務部經理雖然工作成績也是不凡，但在對下屬的管理中，卻嚴厲有餘，溫情不足，有時甚至很不通情達理，缺少人情味。曾有一位下屬的老父親得了急病，等把老人送到醫院，急急忙忙趕到公司，遲到了幾分鐘。雖然這位員工平時工作勤懇，兢兢業業，從不誤事，但這位經理還是對其進行了嚴厲的責罵，並處以相當數量的罰款。弄得大失民心，怨聲載道。

長此以往，終於各得其所，在不久的一次公司內部的人事調整中，行政部經理不但工作頗有業績，而且口碑甚佳，更符合一個高層主管的素養要求，被提拔為副總經理。而那位財務部經理雖說工作也幹得不錯，但沒料到下屬中有一位他從來不放在眼裡的「小人物」的同學的父親是本公司的總經理，他有失人情味的管理方式，在主管眼裡其實不利於籠絡人心，不利於留住人才，只好繼續做他的部門主管。

可見，「小人物」的力量匯集在一起，足以推翻任何一個「大人物」。作為總經理，你一定要做到以下兩點：

(1)　不要輕易得罪「小人物」。不要與他們發生正面衝突，也不值得發生正面衝突，以免留下後患。

(2)　學會與「小人物」們交朋友。多一個朋友多一條路。不要用實用主義的觀點去處理與「小人物」的關係，等到「有事才登三寶殿」時就晚了。

> 必要時在「小人物」身上花點精力、時間都是具有長遠效益和潛在優勢的。也許在不久的將來，你會得到加倍的報答。

細節七：小疏忽搞垮大決策

企業的失敗固然有策略決策失誤的原因，但更重要的原因是細節上做得不夠，正如麥當勞總裁佛雷德 · 特納所說的，「我們的成功顯示，我們的競爭者的管理層對下層的介入未能堅持下去，他們缺乏對細節的深層關心。」

即使最優秀的領導者也會不可避免做出一些錯誤的決策，尋其根源，大多與其忽略細節是分不開的。

作為總經理只有掌握了正確的思路，就完全可以把錯誤率降低。正確的思路即是對決策的難易程度做到心中有數。處理棘手的問題一定要格外謹慎。身為總經理，尤其要注意下列幾個方面的問題：

(1) 廣泛收集商業情報資訊，爭取超前決策

作為一個企業家，應該了解，情報的收集能力和選擇能力對制定合理的企業策略，在商戰中奪取勝利至關重要。從情報與企業經營的關聯看，由於情報品質不同，經營者所作的決策有極大差別，即便是高智慧的企業家，若依據不充分的、可信度低的情報所作的決策，也不可能是正確的。

作為經營資源的情報，應該說最主要的是與經營環境如何變化，主導產品的需求動向如何變化相關的情報。這種超前性的情報，有可能從現在的情報分析中取得。比如，經常與用戶接觸，就可以因獲得非正式的情報而起到意想不到的作用。

如果能激發經常活動在用戶周圍的市場調查研究擔當者的情報意識，就有可能比其他企業更早獲取有價值的情報。比如，GM 公司在第一次石油危機爆發的前一年，即 1972 年就從世界各地的情報網中獲得了能源價格將在近期上升的可靠情報，主管非常重視這個消息。他們當年為此成立了能源問題的特別團隊，並立即進行了半年的集中調查。

根據調查的結果，從 1973 年 4 月起，GM 公司就實行了降低燃料費的適度計畫，同時採取了將車身內鐵製的一部分用塑膠、鋁合金取代，生產輕型汽車的計畫。

另外，陶氏化學公司最早了解到石油化學原料成本有上升的動向，從 1965 年到 1970 年初，在美國、荷蘭、前西德建成了最先進的石油化學綜合設施，實現了最徹底的節能化。該公司從 1956 年到 1973 年間，成功將每生產一爐聚乙烯所需要的能源降低 60%，使工作生產率得到成倍成長。

正因為陶氏化學公司從 1960 年代後半期就迅速掌握了能源價格可能上升的情報，從而使其在距油價上漲的七八年時間裡，從容而適時進行了必要的設備投資。該公司從 1950 年代就著眼於國際化經營，在歐洲的主要國家也建立了生產廠，所以也有可能儘早掌握中東的相關情報。

可見，情報的收集能力和選擇能力強的企業，能夠比其他企業更早預見未來，從而迅速且超前採取對策，防患於未然。

(2) 千萬不能一意孤行

自信給人勇氣，使人做出大膽的決策。過分自信則是自不量力，容易一意孤行，走上不歸路。

企業經營的失敗通常可由多種原因導致，但領導者本身的管理失誤是其中最常見的原因。世界著名的王安電腦公司總裁王安曾經犯下了一個難以彌補的錯誤，他拒絕接受生產個人電腦的建議，使他失去了市場的先機。而後來他所抱定的即使生產個人電腦也堅持「不相容」的「組成體系」想法，和他的家族管理方式都說明了他心態日趨走向封閉。而正是封閉的觀念葬送了這位昔日的英雄，在當今日益開放的世界裡，封閉只會走向落後。致使王安失敗的敵人不是別人，正是他自己。

要知道，王安曾領導公司生產出了對數電腦、小型商用電腦、文字處理機及其他辦公室自動化設備，在美國電腦領域中有著領導和先鋒的作用，這時他不愧是一位有膽識的企業家。然而後來，王安對電腦市場似乎是失去了洞察力，在公司生死攸關的時刻，他沒有及時根據市場的需要而轉變生產，而是違背了電腦普及化的原則（價廉而多功能），集中人力和財力開發高級電腦。致使產品滯銷，客戶流失，財政支絀，債務累累，終致破產。

在 1980 年代，美國電腦工業的發展速度每況愈下。1985 年，電腦的年成長率為 20%，而 1989 年則降到 5%，客戶們的興趣轉移到個人和小型工作站，而不是小型電腦和文字處理機。一些公司為了迎合客戶的興趣，開始生產個人電腦。其實早在 1979 年，在王安實驗室負責產品計畫和管理的副總裁蓋利諾就曾向公司建議研發製造個人電腦，王安的兒子王列也很支持這個建議。但王安對這些卻不以為然，他不想讓公司做什麼個人電腦，他認為個人電腦是「聞所未聞的荒唐事」。

待個人電腦市場興起以後，對王安實驗室來說無疑是個致命的打擊。

在嚴峻的現實和強大的挑戰面前，王安不得不開發自己的個人電腦，並在幾週後問世。從硬體上講，王安個人電腦性能可靠，速度是 IBM 電腦的三倍。但是它卻有一個致命的弱點：它的軟體與 IBM 軟體不能相容。王安公司已經到了一個十字路口：要麼開發與 IBM 相容的開放型個人電腦，要麼繼續開發研發製造自己系列的個人電腦和軟體。遺憾的是，王安不想過早把寶押在 IBM 身上。因為王安有史以來都是依靠個人商品在市場上站住腳的。更重要的是，從利潤角度來看，王安認為：生產自己系列的個人電腦，似乎更有利於客戶，因為消費者一旦購買了你的硬體，就一定要買你的軟體。與之相比，IBM 個人電腦可以運行的軟體已經超過一百種：然而王安個人電腦卻使用不上任何一種軟體，IBM 的個人電腦標準成為了事實上的工業標準。王安實驗室耽誤了三年才做出研發製造與 IBM 匹配的個人電腦的決定。

大家都知道，王安發明的文字處理機是電腦走向個人電腦的關鍵一步，但王安僅僅邁出了第一步，卻始終沒有邁出第二步。在最重要關頭，王安的決策卻錯了，讓 IBM 率先邁向了個人電腦，執電腦市場牛耳。王安公司要在 1990 年代超過 IBM 的豪言壯語漸漸被人淡忘了。

(3) 不要過分相信經驗

成功的企業家和領導者絕對不會有這種墨守成規的想法。他們知道敏銳的洞察力和快速的反應能力是事業成功的關鍵。尤其在當今政治、經濟飛速發展的時代，快速的應變能力尤為重要。

「因形而錯勝於眾，眾不能知，人皆知我所以勝之形，而莫知吾所以制勝之形。故其戰勝不復，應形於無窮。」《孫子兵法》告訴人們每次作戰勝利都不是簡單的重複，同樣，在商戰中過分依賴經驗，就意味著教條，不利於競爭。

過去的經驗之所以成功，必定有其特別的原因，只能當做思考時的參考資料。

歷史中有許多珍貴的資料，有許多可以借鑑的經驗和教訓。即使從個人的歷史中，亦即從自己或他人過去的經歷、體驗中尋找思考、判斷的材料，也是無可非議的好辦法。但商戰如果不注意現實的情況，對成功的前例依賴過度，則有時也容易陷入意外的陷阱中。

日本西武集團的總裁堤清二先生曾有過一件廣為流傳的軼事。

堤先生有一次了解到集團中有一家經營麵包的商店生意不太景氣，便指示它換一個麵包的生產廠家。於是該商店的負責人就把一直經營著的甲廠麵包換成了乙廠生產的麵包，結果商店每天的營業額頓時大幅度提高。西武集團的其他幹部得知這一變化後，便打算效仿此法，把西武集團中所有經營甲廠麵包的商店統統換成經營乙廠的麵包。據說堤先生聽到他們的打算後十分生氣。他說：「你們真是一點也不懂做生意的要領。既然你們要把賣甲廠麵包的商店都換成賣乙廠的麵包，那麼你們同時也把賣乙廠麵包的商店都換成賣甲廠的麵包吧。」

按照堤先生的指示，他們把麵包店的供貨廠家都作了調整，結果不論是甲廠換成乙廠，還是乙廠換成甲廠，銷量都有不同程度的提高。原來，並不是這兩家麵包廠的產品在味道上或品質上有什麼差別，只是顧客喜歡圖新鮮罷了。

在這件事情中，前例的成功有兩種不同的理解，一種是把甲廠的麵包換成乙廠生產的；另一種是更換麵包供應廠家。

西武集團的幹部們並沒有思考「為什麼」，只是簡單把成功的原因理解為前者，所以要把所有經營甲廠產品的商店都換成乙廠的產品。但堤先生對「顧客厭倦老吃同一家的麵包」的實情有所洞察，所以做出了都要更換的指示。

堤先生之所以生氣，可能是針對部下不考慮事情的真實原因，只是簡單輕信前例而發的吧。過去的經驗之所以成功，必定是有其原因的。

過去的經驗之所以成功，必定有其特別的原因，只能當做思考時的資料。在商戰中如果不注意現實情況，對成功前例以來過度，則有時也容易意

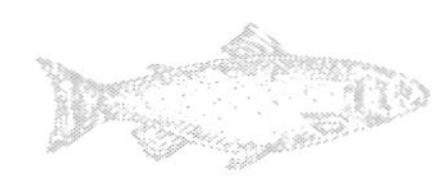

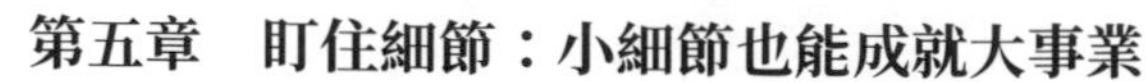

外陷入陷阱中。

(4) 決策總在討論之後

商戰中，任何正確的決策都應該是集思廣益的，同時在討論之後做出決策，更容易凝聚團隊。

團隊成員間的密切團結和高效溝通，不僅可以減少成員間的矛盾和衝突，促進成員間相互了解、相互幫助和相互交流，使各成員的向量合最大化，以實現團隊的整體目標，而且可以實現團隊成員間智力資源分享，促進知識創新。英特爾這個 1968 年成立的小公司，在 1930 年代就名揚天下，很大程度上得益於其團結的、高效溝通的團隊精神。

當初由葛洛夫、摩爾、諾宜斯三名年輕人共同創辦的英特爾公司一直保持了團隊合作的精神，並以此作為公司成功之圭臬。可以說，英特爾是矽谷百十家半導體廠家中最早、最持久展開團隊建設的公司，這也使得它能在潮起潮落的全球電腦市場中始終能堅如磐石。

在英特爾的工程師團隊中，華裔占有相當大的比例。為留住這些人才，並進一步激發他們的創造力與熱情，英特爾幾次借用當地或其他城市的中餐館舉辦華裔工程師懇談會，並從 1984 年 2 月開始，年年舉辦春節的「英特爾公司亞裔新年慶祝酒會」，公司總裁葛洛夫等公司高級主管層屆時也親自參加，另有一百餘名非華裔員工自費參加，氣氛異常融洽。同時，英特爾成立「多重文化整合會」，對象從華人擴大至日本人、猶太人等，定期舉辦各種活動，促進公司不同文化背景的員工間相互理解、相互尊重。

英特爾的「會議哲學」與它的「文化哲學」一樣獨特。英特爾將會議分為「激盪型會議」與「程式型會議」兩種，前者的主要目的是集思廣益，憑藉大家的腦力激盪得出最佳方案。

英特爾有一句名言：「決策總在討論之後。」與會者不分等級職務，暢所欲言，包括尖銳的詰難與疑慮，都會得到領導者的高度重視。後來，這種「激盪型會議」形成的開放性風氣，被英特爾推廣到企業內部管理上，這就是英特爾的「建設性對立」管理，鼓勵員工與主管、員工與員工、主管與主管之間做到一方直言不諱，一方廣納眾議，防止「一言堂」出現。英特爾的團隊建設以輕鬆、開放著稱，但在講究紀律的嚴明性方面毫不含糊。拿上班簽到來說，遲到超過五分鐘的人，則要簽「遲到簿」，並張榜公布。一次，總裁葛洛夫因急事耽擱遲到，同樣在「遲到簿」上留下大名，只不過他還在旁邊風趣的加了條注釋：「看來這個世界上沒有完人。」

「魔鬼藏在細節裡。」任何一個策略決策，都要想到細節，重視細節。對任何細節的忽視，都可能導致決策的失誤。

細節八：精於細微，以提高管理水準

古人有很多關於細節重要性的論述，如「不積跬步，無以至千里；不積小流，無以成江河」、「千里之堤，潰於蟻穴」，這就是所謂的「成也細節，敗也細節」。當有人問李嘉誠成功的祕訣時，他答道：「成功的祕訣不在於大的策略決策，而在於做好細膩工作的韌勁。」也就是說人和企業的成功在於堅持不懈的做好細膩工作！

管理者要充分理解和注重細節管理，就要摒棄浮躁心理，借鑑成功細節管理，加強學習，深刻了解把握企業發展規律，有耐心，有成效的進行細節累積工作，做好細節管理。

美國數百位創業家談了自己學習創業的親身經歷，以供他人借鑑。其要點匯集如下：

(1) 勇於採取「嘗試錯誤」的學習方法。摸索經驗或許並非最有效的方式，但自己所領悟的經營要訣，通常是最珍貴、最實在的。

(2) 到其他公司學習。如有機會到其他公司服務，應悉心觀摩其老闆的經營長處。

(3) 僱用精明能幹的員工。許多創業家認為，僱用精明能幹的員工，不但有助於業務的發展，而且自己也可以向他們學習。

(4) 時常與創業經驗豐富的人聚餐。只要他人具有你所缺乏的實際經驗，你不妨主動積極邀約對方，多與這類「過來人」聊聊，學習他們的點子和心得體會。

(5) 利用視聽教材充實管理知識。如電視上播放關於企業管理的節目，應按時收看或設法錄下來有空觀看，必定會有所幫助。

(6) 與政府相關部門人員交朋友。他們可能是極佳的學習來源，多與他們聯絡交往，可獲得一些新資料或新機會。

(7) 多閱讀書籍、雜誌、報刊，以及金融刊物等，這些均是較好的資訊來源。

(8) 參加企業家協會，出席演講、研討會或聚會等活動，可使你透過非正式場合獲益甚多。

(9) 聽取家人的意見。或許你的太太（或先生）很有創意，或許你的父母親在行銷或法律方面頗具經驗，總之，聽取家人的意見，可獲益匪淺。

(10) 聘請顧問。不僅可以解決問題，也可以作為學習的資源。尤其當公司業務開始成長時，管理顧問可教你授權的藝術及管理員工的訣竅，同時可以輔導你展開公司的業務。

(11) 協助員工成長。為了讓員工與你一樣維持同樣的專業水準，應資助員工學習或進修管理課程或參加研討會。

(12) 模仿他人。如果你知道某人在甲城市創業成功，則設法在乙城市用同樣的方法創業。最好直接拜訪該人，邀請他傾囊相授。

(13) 購置個人電腦。市場上現成的許多軟體程式，可教你如何把業務做得更好。

(14) 傾聽員工意見。你之所以僱員工，是基於其長處和知識，所以，你應注意聆聽員工的心聲。

(15) 運用供應商的智慧。供應商通常不僅熟悉本行業務，而且能夠提供許多對你有益的特殊諮詢。

(16) 與員工共進午餐。與主要員工每天共進午餐，可交流各自創意互相學習等，做到一舉數得。

(17) 從潛移默化中學習。多與經驗豐富或才華橫溢的人相處，久而久之，你會發現大有收益。其訣竅是，時常出外走動，與顧客、員工、專家等多聊聊。

(18) 每週邀請專家前來演講，使員工具有最新的商業知識。

(19) 注意傾聽顧客的抱怨。從顧客的抱怨中，足以發現你的缺失，以便及時改進。如果你的某些措施是正確的，則你應繼續保持並做得更好。

(20) 學習管理課程。目前，管理顧問公司時常開辦專題演講，而許多大學也開辦管理進修班，應利用晚間或週末時間學習或進修。

(21) 持續找尋問題。只要你提出問題，大多數人都會樂意解答你的疑問，你的疑問能吸引他人的注意力，進而獲得他們的鍾愛。

競爭的優勢歸根到底是管理的優勢，而管理的優勢則是透過細節來展現出來的。

細節九：經營計畫要細還要精

要當好總經理，必須要做到長遠計畫、實施步驟，這樣才能真正做好管理工作。制定長遠規劃，就是確定一個遠大的發展目標。這個目標要定得高一些，這樣，你的員工才會有動力和壓力，使他們的潛能得以充分發揮出來。當然，目標也不能定得太高，脫離實際，否則，看不到實現目標的希望，會讓大家都洩氣。最好是能將總目標具體化，並分解成小目標或階段性目標，使大家每前進一步，都能體驗到成功和勝利的喜悅。

要全面系統化分析實現既定目標的有利條件和不利因素，或者說，存在哪些方面的機會與威脅。然後，依據上面的分析，確定實現既定目標的具體方案，認真做好長遠規劃工作。

如果要經營好公司，就要眼光遠一些，就必須重視制定公司的長期經營計畫。只有有一個長期的發展計畫，才能將現階段的經營變為一個連貫的有機整體。如何制定長期經營計畫，方法很多，但一般來說，總離不開以下幾個步驟：

第一步，確立經營觀念，設定公司目標。這一步的關鍵在於不僅要把經營觀念或信條確定下來，而且要使其具體化，將總目標分解細化，使其成為指導各部分業務工作的方針和努力的方向。

第二步，進行預測。不管新管理人的主觀意向如何，公司實際上是為客觀環境所包圍。公司如果忽略了對客觀環境的分析預測，長期發展計畫則不啻為沙上建塔，空中造樓。

第三步，構想經營計畫概要。經營計畫是根據公司的「主觀意向」和所處的客觀環境而加以確定的。為了實現公司的目標，必須突破客觀環境的限制。為此，必須決定用何種手段和如何實現公司目標的計畫體系。這一決定是建立在個別計畫與期間（階段）計畫基礎上的。

第四步，設立個別計畫。也就是確定各個部門的具體計畫。如技術部門的產品研發製造計畫，財務部門的資金計畫，生產部門的獲利計畫等。

第五步，設立期間（階段）計畫。重要的一點是要認知到：「計畫的本質在於選擇。」

第六步，編制預算。以預算形式表現出來的經營計畫即可。具體為除了要制定長期規劃之外，總經理還需有一整套具體而詳盡的日常安排實施方法。一般來說，至少有五個時間是要安排具體方法的，這就是：每日、每週、每月、每季、每年的計畫。

(1) 每日之末

擬訂一個要在明天達到的成果和進行的主要活動的簡要提綱，按重要程度順序排列，把重要專案編上號碼。這將有助於明天醒來之時知道今天該做什麼，先做什麼。

(2) 每週之末

在每週的最後一個工作日之末，花點時間檢查一下本週的主要活動，和上次計畫的成果進行比較，找出可以改進之處，擬訂出下週各項主要工作的提綱。若無重大變故，也可擬訂出下週每天要達到的一項或幾項主要目標。

(3) 每月之末

總結本月的重大事件，並擬訂出下個月要達到的一些主要目標。可以計畫出下月的每一週你要達到哪一項主要目標。

(4) 每季之末

檢查本季成果，與預期計畫比較，確定補救措施和改進方案。確定下季每月工作要點，確定一些重要的比率和反映工作業績的主要數位，觀察、分析公司的發展趨勢是否對路，制定相應的對策方案。

(5) 一年之末

用一定的時間檢查本年的重大事件，分析自己的成功與失敗之處，然後按季度列出下一年度每月工作的主要目標。

> 策略和計畫一定要從細節中來，再回到細節中去。好的策略只有落實到每個執行的細節上，才能發揮其作用。

細節十：總經理必須做的細事

在總經理身邊的事多如牛毛，這些目不暇接的事情讓人焦頭爛額，讓人喘不過氣來，但是，以下的事是你必須要做到的：

(1) 總經理每天必須做的

① 想想明天應該做的主要工作。

② 看一份對自己有用的報紙。

③ 了解至少一個區的銷售拓展情況或給予相應的指導。

④ 總結自己一天完成的任務情況。

⑤ 記住公司一名員工的名字和其特點。

⑥ 應該批准的文件。

⑦ 每天必須看的報表（產品進銷存貨、銀行存款等）。

⑧ 考慮自己一天工作失誤的地方。

⑨ 自己一天工作完成的品質與效率是否還能提高。

⑩ 考慮公司的不足之處，並想出準備改善的方法與步驟。

(2) 總經理每週必須做的

① 與一個在你眼裡現在或將來是公司業務骨幹的人交流或溝通一次。

② 表揚一個你的骨幹力量。

③ 向你的老闆匯報一次工作。

④ 對各個區的銷售進展總結一次。

⑤ 與一個主要職能部門進行一次座談。

⑥ 召開一次與品質有關的辦公會議。

⑦ 了解相應的財務指標的變化與財務部溝通一次。

⑧ 糾正公司內部一個細節上的不正確做法。

⑨ 看一本適用的雜誌。

⑩ 檢查上週糾正措施的落實情況。

⑪ 進行自我總結（非正式）。

⑫ 熟悉生產的一個環節。

⑬ 召開一次中層幹部例會。

⑭ 整理一下自己的文件或書櫃。

⑮ 與一個非公司的朋友溝通。

⑯ 聯絡一個重要客戶。

⑰ 每週必看的報表。

⑱ 聯繫一個經銷商。

(3) 總經理每旬必須做的

① 與財務部溝通。

② 請一個不同的員工吃飯或喝茶。

③ 拜會一個經銷商。

④ 對一個區的銷售進行重點幫助。

(4) 總經理每月必須做的

① 自我考核一次。

② 月財務報表。

③ 拜會一個重要客戶。

④ 月生產情況。

⑤ 下月銷售計畫。

⑥ 對各個區的銷售考核一次。

⑦ 下月銷售政策。

⑧ 下月銷售價格。

⑨ 月品質改進情況。

⑩ 月總體銷售情況。

⑪ 根據成本核算，制定下月計畫。

⑫ 讀一本書。

⑬ 了解員工的生活情況。

⑭ 檢查投訴處理情況。

⑮ 去一個在管理方面有特長，但與本公司無關的企業。

⑯ 考核經銷商一次。

⑰ 與老闆溝通一次。

⑱ 安排一次培訓。

⑲ 對你的主要競爭對手考核一次。

⑳ 有針對性的就一個管理財務指標做深入分析並提出建設性意見。

(5) 總經理每季度必須做的

① 表揚有成就人員。

② 進行人事考核。

③ 清理應收的帳款。

④ 庫存的盤點。

⑤ 季度專案的考核。

⑥ 舉辦一次體育比賽或活動。

⑦ 對工作效率進行一次考核或比賽。

⑧ 搜集全廠員工的建議。

(6) 總經理每半年必須做的

① 半年工作總結。

② 對政策的有效性和執行情況考評一次。

③ 適當獎勵一批人員。

(7) 總經理每年必須做的

① 兌現給銷售人員的承諾。

② 兌現給自己的承諾。

③ 年終總結。

④ 回家一次。

⑤ 召開一次員工大會。

⑥ 下年度工作安排。

⑦ 推出一種新產品。

⑧ 尾牙活動。

⑨ 兌現給經銷商的承諾。

⑩ 年度報表。

我們已經生活在細節經濟時代，細節已經成為企業競爭的重要表現形式，總經理所謂「精細入微」，拚的就是精細。

第六章
總經理推動執行力的七項行動

身為總經理的你，想要什麼樣的實施方案，你就要親自向員工做出表率。行動就是策略，總經理的時間安排就能告訴大家，公司的策略重點是什麼。

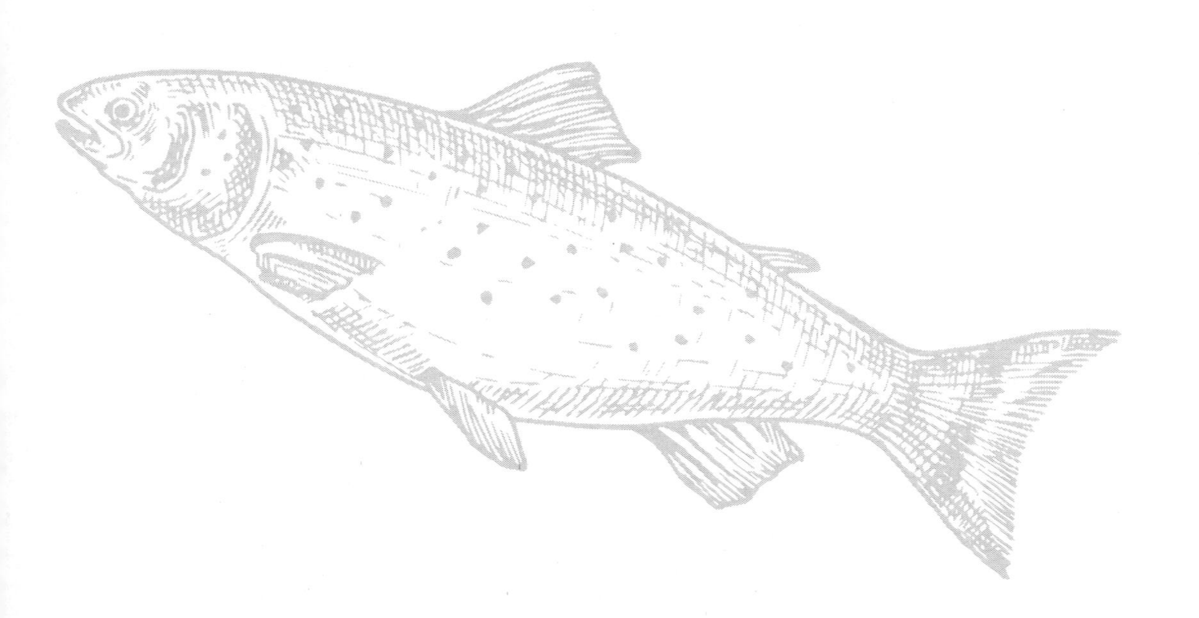

第一項行動：放下架子，與部下親密接觸

放下架子是主管與下屬縮短距離的前提條件。作為上司、老闆，很容易產生高高在上的感覺，通俗說就是「架子」。「架子」是沒有好處的，對於下屬而言，主管本來位置就高高在上，具有一種相對優越性。如果主管不注意自己「架子」問題，凜然一副高高在上，神聖不可侵犯的姿態，勢必在自己與下屬之間劃出一條鴻溝，從而切斷主管與下屬進行感情交流和溝通的紐帶，拉遠了上下級之間的距離，更不可能引起下屬的心靈共鳴。

(1)　「架子」是主管的一大忌，也是領導者最易犯的毛病之一。作為一個好的領導者必須杜絕這種現象的發生。因為端著架子的主管總認為自己是權威，比下屬強，不可能對下屬的優點和成績做出無私、客觀的評價，甚至不敢接受下屬超越於自己之上的才能，不可能以由衷的讚美來激勵下屬。

(2)　一位主管端著「架子」對下屬的稱讚，會被下屬視為一種可憐的施捨或「恩賜」，不易為下屬接受。因而，聰明的主管會把自己事實上的職位優勢隱藏起來，放下「架子」，明察秋毫，善於發現下屬的成績和優點並及時的予以表揚。

主管要做到尊重員工，最基本的是要放下官架子。只有徹底放下主管的架子，才能拉近與下屬的距離，不至於使下屬產生「離心」的念頭，從而博得下屬的好感和信任，促使下屬自覺努力工作。

平易近人是「架子」的剋星，也是下屬希望上司具有的一種素養。一位經常與下屬聊天、娛樂、討論工作的主管無疑更容易被大家接納，他的話更容易為大家理解、接受，他對下屬的稱讚才會自然、得體、到位。

有一位總經理為了與部下拉近距離，他經常在業餘時間裡與員工玩撲克

牌，以此作為打開與員工溝通交流的鑰匙。在此過程中，大家無話不談，性格中的優點和缺點充分暴露。牌打到興奮處，小夥子們甚至會跟他友善的開玩笑逗大家開心。大家在娛樂中相互了解，相互溝通。他不僅是他們工作上的主管和權威，而且成了他們生活上的朋友和夥伴。

性格大大咧咧的王某這次主題任務完成得非常出色，午飯後這位副主任走進他們辦公室，拍拍王某的肩膀笑道：「我可不知道你長了這麼聰明的腦袋，工作做得頂呱呱，寫文章還有一手，真是妙筆生花！」而性情如姑娘般文靜的小劉在工作會議上獻一妙計，他眉開眼笑，當眾誇獎道：「別看小劉平時細言慢語，但愛讀書，善思考，滿腹經綸，碰到困難能拿出錦囊妙計。他今天提供的這一思路，給我們開闢了一個新的角度，對我們這一階段工作意義重大。大家都應向小劉那樣，注意讀書、學習，蜂採百花成蜜嘛。」

這是一個多麼風趣、和諧、自然的工作環境，這與這位主管善於放下「架子」，忘記「架子」分不開的，只有放下架子，下屬與他交往時才會感到親切、自然，才會把自己的內心世界打開，他才能充分了解下屬，體察其心靈深處，掌握其不同特點，稱讚起下屬來才會得心應手，對「症」下藥。俗話說：「一把鑰匙開一把鎖。」這位主管正是掌握了開啟各位下屬內心之鎖的鑰匙，他對下屬的稱讚才能真正使下屬感覺到主管鼓勵的力量，既不會認為他故弄玄虛，更不會想到他是欺騙人心。

「架子」是領導者自縛的「枷鎖」，使主管與下屬永遠隔著一條無法逾越的「天河」。它使讚揚變成了施捨，使責罵變成了鄙薄。我們在工作中常常能聽到下屬抱怨他的上司：「他已經兩個月沒有與我談過一句話了。別說稱讚，就是責罵也聽不到。整天孤高自傲，我們都不知道他是誰的主管了。」從此可以看出主管的「架子」實在要不得，擺架子只能怨氣載道，產生牴觸情緒，從而影響了上下級的團結。

放下架子貼近下屬，還展現在對下屬的體貼、關懷中。有一位餐廳的服務員很俐落的完成了上菜工作，客人很滿意。但最後上西瓜時，連人帶盤子摔在地上，偌大的餐廳霎時鴉雀無聲。此時，值班經理走過來，扶起這位嚇壞了的小姐，親切的說：「今天客人多，你累壞了。前面的菜上得很順利，沒關係，快去休息吧。」他從容的給這最後一批客人上完西瓜，拿起掃帚把西瓜、盤子碎片清掃乾淨，並向客人們致歉。服務小姐感動得流下了眼淚，客人們為之鼓掌喝彩。這位經理一句話，一個舉動包含了領導者對下屬工作的肯定和對下屬的關心，使這位無意中出錯的小姐擺脫了尷尬的局面。這家餐廳不僅沒有因這一意外出錯而影響它在客人心目中的聲譽和地位，反而因其高明的處理方法而贏得了顧客。

所以，領導者在與下屬相處的過程中，要平易近人，放下官架子，儘早消除由於上下級關係所帶來的緊張和不安。這樣，才能得到員工的擁護，從而使工作氛圍更加融洽、和諧、自然。

> 作為一個主管，如果你不想使下屬產生「離心」的念頭，就必須把「架子」砍掉，「架子」沒有了，下屬就很自然與你靠近，那種上下間的緊張和不安的氛圍也會自然而然的消失掉。溝通也罷，做事也罷，還有什麼難的呢？

第二項行動：親臨一線，用行動說話

主管的風範能直接鼓勵帶動下屬。作為現今領導他人從事的領袖，能夠管人，而且管住人，不是僅僅靠指手畫腳能做到的，也不是靠發號施令來完成的。

總經理只有切切實實從下屬的心理出發，能夠身先士卒，才能樹立起威信，帶動員工出色的完成任務。這樣做的主管是最明智的。

領導者做到明智並非易事，但必須做到明智的領導者都懂得以身作則。

「明智」兩個字說起來容易，但做起來卻很難，這是由它的組成要素決定的。

對於明智的領導者而言，明智可有三個基本組成部分：自知之明、坦誠和成熟。

做到自知之明，就要了解自己。了解自己是每個領導者所面臨的最艱巨的任務。如果一個人不了解自己，不了解自己的優點和缺點，不知道自己要實現什麼目標和為什麼要實現這個目標，他是不可能取得真正的成功的。作為領導者，要真正做到了解自己，就必須實事求是的評價自己，絕不能對自己撒謊，尤其不能撒關於自己的謊，他不僅要了解自己的優點，而且也要了解自己的缺點、正視自己的短處並積極改進。一個人的原材料就是他自己，當他知道自己是一塊什麼材料、要製造什麼，那麼他就可以把自己變成有用的產品了。

坦誠是一個人具有自知之明的關鍵，而思考和行動的誠實、一貫的堅持原則以及基本的身心健康，是坦誠的基礎。

成熟對一個主管來說也是至關重要的，因為主管不只是領路或者發號施令那麼簡單。每個主管都需要學會敬業，善於觀察，善於和他人共事，善於向別人學習，絕不低三下四，並且要永遠真實。領導者唯有自己具備了這些素養，別人才能以你為榜樣，才能在你的部屬中樹立威信。

明智的領導者最在意的是名聲，有好名聲才有好威信，才能做到眾望所歸。因此，作為一個領導者，不能不領會厚德得人心的內涵，只有顧及員工對自己的人格評價，只有在員工面前樹立一個好的形象，才能立權樹威，真正做到取信於「民」。

古代歷來講究以德服人，員工也希望他們的上司會是一個品德高尚的長者，樹立一個以身作則的形象，將大大有利於領導工作的展開。

一個明智的領導者也是一個好的情緒管理者。有些上司脾氣暴躁，情緒容易失去控制，事無大小都喜歡以發脾氣壓人，他們總以為大發脾氣可以造成一種震懾力。其實不然，脾氣發得過多，會讓員工見怪不怪，其效用也就會逐漸失去，而且聰明的員工還會形成一套自我保護的辦法。這叫上有政策，下有對策。

事實上，愛發脾氣的人不可能成為一個明智的領導者，也不可能贏得下屬的擁戴。

管理者表現自己的權威的一個重要方面就是做出一定的業績，用業績說話，以業績來樹權立威。只要有真才實學，只要有能力做出真成績，才能樹立權威？

以下這個例子就說明了這一切。

某公司李經理上任伊始，一改前任主管做事拖泥帶水的風格，決心整頓公司內部的陳務，並且制定出相應的對策，首先自己帶頭遵守公司的新規章，但效果並不理想。經過了解，才知公司員工對李經理有一種觀察態度，不太信任他的能力和專業水準。

鑑於此，李經理決定親臨第一線，與銷售人員一道奮戰，一個月後，公司業務量大增，效益也大為改觀，員工讚嘆聲一片。從此，大家也以李經理為榜樣，勇於承擔責任，積極主動工作，公司發展前景光明。

這就是典型的以業績樹立權威的例子。但同時也有一些管理者，由於缺乏工作經驗和管理能力，上任後被一些瑣碎的具體工作所淹沒，被一些複雜的人際關係所纏繞，被一些細小的工作耗費了大部分精力，而使全域的工作失去平衡，更不能在業績方面使員工信服，時間不長，沒有了權威，領導起來也不得力。

在管理整個公司或一個部門時，可以先制定一個總體規劃，然後明確任務，自己帶頭執行，並在一些具體實際的工作中做出榜樣，以自己做出的業績說話，同時也讓員工們明白，在公司裡，上下級關係並不是完全靠職務或權力，更要靠自己的能力，靠自己為公司所作的貢獻大小來評價。

上司也可以多嚴格要求一下自己，可以多受一點苦，為員工多負擔一點工作，做出一些貢獻來給大家看看，只要用自己的行動做出實績，員工自然會心服口服。權威自然會有，執行也就會順利了。

> 管人不能光是口頭上發號施令，否則，就是只講威力而不講魅力。對於高明的管理者而言，以身作則才是第一位的，給大家做個好的榜樣比什麼都重要，你說呢？

第三項行動：既會狂風，也要細雨

管理者在執行工作中，懷柔雖好，但過猶不及，過度的懷柔，會影響到你的權威。因此，管理者該揮起大棒，就要揮起，但一定要掌握方法和分寸。

上下級之間的感情交流，不怕波浪起伏，最忌平淡無味。有經驗的主管在這個問題上，既勇於發火震怒，又要有懷柔的本領；既能拍你一巴掌，又能給你揉一揉。

在平時工作中，適度適時的發火是必要的，特別是原則問題或在公開場合碰了釘子時，或對有過錯的人幫助教育無效時，必須以發火方式壓住對方。當主管確實是為下屬著想，而下屬又固執不從時，主管發多大火，下屬也會理解的。

但是，發火不宜把話說過頭，不能把事做絕，那樣的話就達不到說服的目的了。而應注意留下感情補償的餘地。主管話一出口，一言九鼎，在大庭廣眾之下，一言既出，駟馬難追，而一旦把話說過頭則事後騎虎難下，難以收場。

發火應當虛實相間。對當眾說服不了或不便當眾勸導的人，不妨對他大動肝火，這既能防止和制止其錯誤行為，又能顯示出主管具有威懾性的力量。但對有些人則不宜真動肝火，而應以半開玩笑、半訓斥的方式去進行。使對方不能翻臉又不敢輕視。

另外，發火時要注意樹立一種被人理解的「熱心」形象，要大事認真，小事隨和，輕易不發火，發火就叫人服氣，長此以往，領導者才能在下屬中樹立起令人敬畏的形象。令人服氣的發火總是和熱誠的關心幫助連在一起的，主管應在下屬中形成「自己雖然脾氣不好卻是個暖男（女）」的形象。

日常發火，不論多麼高明總是要傷人的，只是傷人有輕有重而已。因此，發火傷人後，需要來做些懷柔政策，即進行感情補償，因為人與人之間，不論地位尊卑，都是有自尊的。善後要選時機、看火候，過早了對方火氣正旺，效果不佳；過晚則對方積憤已久不好解決。因此，以選擇對方略為消氣，情緒開始恢復的時候為最佳。

撫慰心靈受傷的下屬，要視不同的對象採用不同的方法，有的人性格大大咧咧，是個粗人，主管發火他也不會放在心裡，故善後工作只需三言兩語，象徵性表示就能解決問題。有的人心細明理，主管發火他能理解，也不需花太大的工夫。而有的人則死要面子，對主管向他發火會耿耿於懷，甚至刻骨銘心，此時則需要善後工作細膩而誠懇。對這種人要好言安撫，並在以後尋找機會透過表揚等方式予以彌補。還有人量小氣盛，則不妨使善後拖延進行，以天長日久的工夫去逐漸感化他。

> 在主管指揮業務上，沒有令對方與下屬感到畏懼的威懾力，是不容易盡責稱職的。單是一張和藹的臉，一番漂亮的言辭所起的作用，也是非常有限的。只有恩威並施，才能駕馭好下屬，發揮他們的才能。

第四項行動：用你的決心，帶動員工的執行

激勵員工，一味鞭策下屬拚命努力有時是行不通的，也不要以為多發獎金，多說好話的辦法就能激發員工的積極性，來出色的為你完成任務。因為這些作法並未深入下屬的心中，所得到的也只是表面的敷衍罷了。人是很複雜的，要讓他們賣命工作，需要施展手段。面臨這樣的狀況時，最重要的就是領導者意識的改變。從領導者改變決心做起，下屬才能隨之而改變。

人與人之間的關係是相對的，彼此之間的感情交流非常微妙。你心裡在想些什麼，對方很容易就會了解。因此，要使下屬付出，自己卻不率先表現自己的誠意是不可行的。

有一本描述魚的生態的書這樣敘述著，魚大多是成群游著，當魚群之中任何一尾魚感到有危險而不安離開魚群時，其他的魚都會感染到不安的感覺，就會跟著游開。帶頭的魚看見其他的魚全都跟著而來探究不安的原因，就會忽左忽右測危險所在。如果它在離開了魚群之後，發現其他的魚並沒有隨之而來，就會再回到魚群之中。這種現象在魚群之中經常看得到。

生理學家赫爾斯特，把淡水魚從魚群中取出後，以手術取出前腦。沒有前腦的魚在水中邊看邊吃邊游水，看起來並沒有什麼不對，只有一點不一樣的，就是當它離開魚群之後，其他的魚沒有跟來它也毫不在意，左顧右盼，悠哉悠哉游來游去，這時其他的魚群反而跟著游過來。

即使在魚世界裡，大家也要先看看帶領大眾的先鋒的選擇是否正確，如果先鋒不理會他人的看法而勇往直前，那麼其他的魚還是會追隨它。

人也是一樣，領導者的決心若是不夠堅定就無法帶領下屬更好的工作。

> 激勵員工的士氣，不是幾句飄零鼓勵的話就能深入人心，也不是靠加薪水，發放獎金就能讓人動心的。有時就僅僅是主管一個振臂高呼，一句振振有詞的講話，都可能打動人心，此時的部下不為你賣命才怪呢！

第五項行動：稍施壓力，莫讓下屬飄飄然

俗話說:「壓力就是動力。」一個人如果沒有一定的壓力，就會漂浮起來，甚至會放縱自己，最終也不會成什麼氣候。

有壓力的確是好事，但壓力不能太大，不能超出所屬員工的能力範圍，超出了就會崩潰，可見，施加壓力也要注意火候才對。

常聽到一些管理者對下屬說：「這件事我也不太清楚，但這是上司交代的，所以只好照著做吧！」

有更多的管理者雖然認為：「這樣的要求不合理……」但還是強迫下屬要「努力達成今年的目標」、「就算是加班也要如期交貨」。

雖然自己認為不合理，卻還要求別人去做，這實在太過分了。當然，這

樣的指示也是缺乏說服力的。

很多公司大部分的銷售量，就是在這種上對下施壓的情形下完成的；但這種做法卻絕對無法提高員工士氣。

人在無壓力的狀況下，很容易放縱自己，所以一般說來，主管可以希望員工提高工作量。但是現場指導者所認定的目標，一定要和公司的銷售目標有差距。

如果要解決這個問題，公司領導者對員工的「要求」，必須是合理的。

聰明的管理者平常就要和下屬進行溝通。但只有談話是無法溝通的，重要的是要做到以下兩點：

(1) 領導者要知道所屬員工的能力

以目前所屬員工的努力標準來看，已具備多少銷售能力（或是生產、處理其他業務的能力）？這叫做「標準能力」。

如果稍微施加壓力，還能達到什麼水準？這叫做「加速能力」。

(2) 應該經常向上司報告所屬員工的能力和工作現狀

這樣一來，上司就不會再有無理的要求。但是，如果還是被迫要求達到不合情理的目標時，又該怎麼辦呢？

的確，現實生活中有不少這樣的情形發生。在知道自己所屬員工的能力後，如果還是被要求完成超出能力的事，也許是有理由的。所以，領導者要有向所屬員工的能力極限挑戰之心理準備。

先在心理上協調適合，再尋求下屬們的合作。如果強迫下屬做連自己都無法認同的事，那麼上司的指示就無法傳達，更別提達成目標了。

在團隊中，為了順利完成某項事業，就要規劃目標，但是預訂目標一定要實事求是，不能超出員工的能力和工作現狀。

第六項行動：給些鼓勵，讓下屬做好不願意做的事

卓越的領導者，都善於鼓勵下屬做他們不願意做的事或認為不擅長的事，他們知道部屬「硬著頭皮，咬著牙」把心裡不願意做的事做得漂亮，將會比做好自己擅長的事情有大得多的收穫。

每個人的性格不同、志趣不同，做事的態度和方式就不同。譬如善於獨立工作的人，可能就不願意去管理別人。領導者在用人的時候就要多加考慮，根據每個人的不同特點，來安排適合他的工作，但是事實上每個領導者都不可能完完全全的「人盡其才」。在這種現實情況下，如何要求並教會你的下屬做好自己不願意做的事情就變得十分重要。

人們不願意做的通常是那些自己認為不擅長的事，甚至一做起這件事來心裡還有些發怵。在很多情況下，此事並不是想像中的那麼可怕，這是人們對自己認知的誤區。如果作為上級和旁觀者的主管認為他們並不是不可能把這些事情做好，就應該鼓勵他們去做，甚至有時候命令他們去做。一旦做得成功，他們就會增加信心，在將來的工作中可能就不會再膽怯了。

在客觀現實中，我們有時是為了一種生存，或為了一種責任，甚至也是一種沒有辦法的無奈，人們有時候必須認真對待那些不願意做的事情，而且還要想方設法把它們做好。每個人都要主動去適應環境和社會，而不是要求

環境和社會去適應自己。

組織裡許多的問題發生皆源於此。人們對自己不願意做的事情通常會採取消極的態度，要麼不去做，要麼推諉拖拉、敷衍了事。無論哪一種情況都是不可取的。對這個問題的預防辦法除了上述的教育之外，領導者要做的事情是對自己的下屬的性格和習慣應該有充分的了解，了解他對什麼樣的事情會去積極的處理，而哪些事情他根本不願意做。對於那些他不願意做的事，要督促他、鼓勵他、甚至有時候幫助他。讓他知道這件事是非做不可的，做得好對工作和他自身都是有益的。

也有一些好高騖遠、自命不凡的年輕人，對有些事情不屑去做，總認為自己應該去做更大、更重要的事情。對於他們，領導者就應該強迫他們，從那些他們不願意做的事情做起。「不願意做」絕對不是不做的理由，如果他們認知到了其中的道理，將終身受用。

反過來，領導者也必須明白，如果在某個位置上的人對他的工作有一多半的事情都不願意做，就要考慮這個人是否適合這樣的位置。經過交談可以考慮給他換一個更合適的位置，或者乾脆勸他改行。

有句話說的好：「有什麼樣的將軍就有什麼樣的兵。」作為主管自己每天要處理很多的事情，幾乎所有需要處理的事都是難事，都是下屬們不能處理或者很難處理的事，這些難事對主管來說也未必容易。但是因為是主管，就必須硬著頭皮去做，以身作則。只有這樣，才能激發員工的積極性，把那些曾不願去做的事做好。

一般來講我們總願意去做自己最為熟悉的事，而不願為自己不熟悉或為使自己不愉快的事去冒險。但身為領導者，必須去做一些不願去做的事。

正所謂上行下效，給員工一點壓力的同時，也是給自己壓力，員工素養提高了，領導者的素養也就相應的提高了。這樣，團隊內部就會形成一種蓬勃向上的氛圍，而每一個員工也會因不斷提高和進步而感到工作的愉快，從而把單個力量積聚成整體的力量，形成一支優秀的團隊。

每個人都要主動去適應環境和這個社會，而不是要求環境和社會來適應自己。團隊也一樣，作為領導者的你，就應該督促、鼓勵你的下屬勇於做不敢做的事，善於把不敢做的事情做好，才能啟動團隊的適應能力。

第七項行動：用「毛毛雨」滋潤員工心靈

員工與老闆之間並不只是冷冰冰的員工與僱主的關係。隨著經濟的發展，管理者越來越認知到，公司僱用員工應該是整個的人，而不僅僅是他的工作力，只有充滿人性化的管理才能激發員工熱情，讓員工自動自發的去工作，這比強壓來得好，來的持久。

作為管理者可以適時、適當參加一些細膩入微的工作事務，對於贏得人心大有幫助的。如果主管總是擺出一副官架子，遇到一些事就滿臉的不高興，不屑於做或者根本不情願去做小事，那麼，下屬會對你產生成見的。

而且有一些芝麻小事，作為管理者，必須努力去做到，千萬別輕視。

例如，下屬得了一場大病，請了半個多月的病假在家養病，之後，他恢復健康，第二天來辦公室上班，難道主管對他的到來會面無表情，麻木不仁，不加半句客套，沒有真誠的問候話語嗎？

再比如，與主管同辦公室的一位年輕人找到了另一半，不久要喜結良緣，或者這位年輕人在工作上取得了突出成就，為本部門做出了傑出的貢獻，難道主管就不冷不熱、無動於衷不加一聲祝賀稱讚的話語嗎？小事足可以折射出主管品格的整體風貌，大家會透過一些雞毛蒜皮的小事，去衡量主管，評判主管。

小事往往是成就大事的基石，這兩者之間是相互關聯、相互影響、相輔相成的。管理者要善於處理好這兩方面的關係，使兩者相得益彰。

如果管理者能在許多看似平凡的時刻，勤於在細小的事情上與下屬溝通感情。

管理者要想激發其積極性、激發職員的熱情和幹勁，光會說一些漂亮話是不夠的。也要配合一些實際行動，不失時機的顯示你的關心和體貼，無疑是對下屬的最好的慰藉，這種方法可以在下列場合中收到最好的效果，你可不要錯失良機。

(1) 記住下屬的生日，在他生日時向他祝賀

現代人都習慣祝賀生日，生日這一天，一般都是家人或知心朋友在一起慶祝，聰明的管理者則會「見縫插針」，使自己成為慶祝的一員。有些管理者慣用此招，每次都能給下屬留下難忘的印象。

給下屬慶祝生日，可以發點獎金、買個蛋糕、請頓飯、甚至送一束花，效果都很好，乘機獻上幾句讚揚和助興的話，更能起到錦上添花的效果。

(2) 下屬住院時，管理者一定要親自探望

一位普普通通的下屬住院了，管理者親自去探望時，這本是對他的部屬的一種關心，一種安慰。作為手下的員工一定心有感激，再加上幾句心裡話：「平時你在的時候習慣你做的貢獻，現在沒有你在職位上，就感覺工作沒了頭緒、慌了手腳。安心把病養好！」等員工病好出院後，不賣命工作才怪呢！

有的管理者就不重視探望下屬，其實下屬此時是「身在曹營心在漢」，

雖然住在醫院裡，卻惦記著主管是否會來看看自己，如果主管不來，對他來講簡直是不亞於一次打擊，不免會產生牴觸情緒，甚至會影響其工作的積極性。

(3) 關心下屬的家庭和生活

家庭幸福和睦，生活寬鬆富裕，無疑是下屬做好工作的保障。如果下屬家裡出了事情，或者生活很拮据，主管卻視而不見，那麼對下屬再好的讚美也無異於假惺惺。

比如這家公司在這方面做的就不錯。職員和主管大部分都是單身漢或家在外地，就是這些人憑滿腔熱情和辛勤的努力把公司經營得紅紅火火。該公司的主管很高興也很滿意，他們沒有限於滔滔不絕、唾沫橫飛的口頭表揚，而是注意到員工們沒有條件在家做飯，吃飯很不方便的困難，就自辦了一個小食堂，解決了員工的後顧之憂。

(4) 抓住歡迎和送別的機會表達對下屬的讚美

換職位是常常碰到的事情，粗心的主管總認為不就是來個新手或走個老部下嗎？來去自由，願來就來，願走就走。這種想法很不可取。

下屬離職位時，彼此相處已久，大大小小的事肯定不少，此時用語言表達主管的挽留之情就不恰當了。而沒走的下屬又都在眼睜睜看著要走的下屬，心裡不免想著或許自己也有這麼一天，主管是怎樣評價他呢？如果你是一個高明的領導者，不妨做一兩件以表達惜別之情的事情來，你的下屬是不是對你會刮目相看呢？你給下屬的印象是不是更好些呢？

「澆樹澆根，帶人要帶心。」領導者必須摸清下屬的內心願望和要求，並予以適當的滿足，才可能讓眾人追隨你。

第七章
沉著應對：把死棋玩活

優秀的領導者在遭遇困難時，他們所尋求的出路就是適應時勢，或堅持進取方向，調整進取方式，或改變進取方向，進行大規模策略調整。

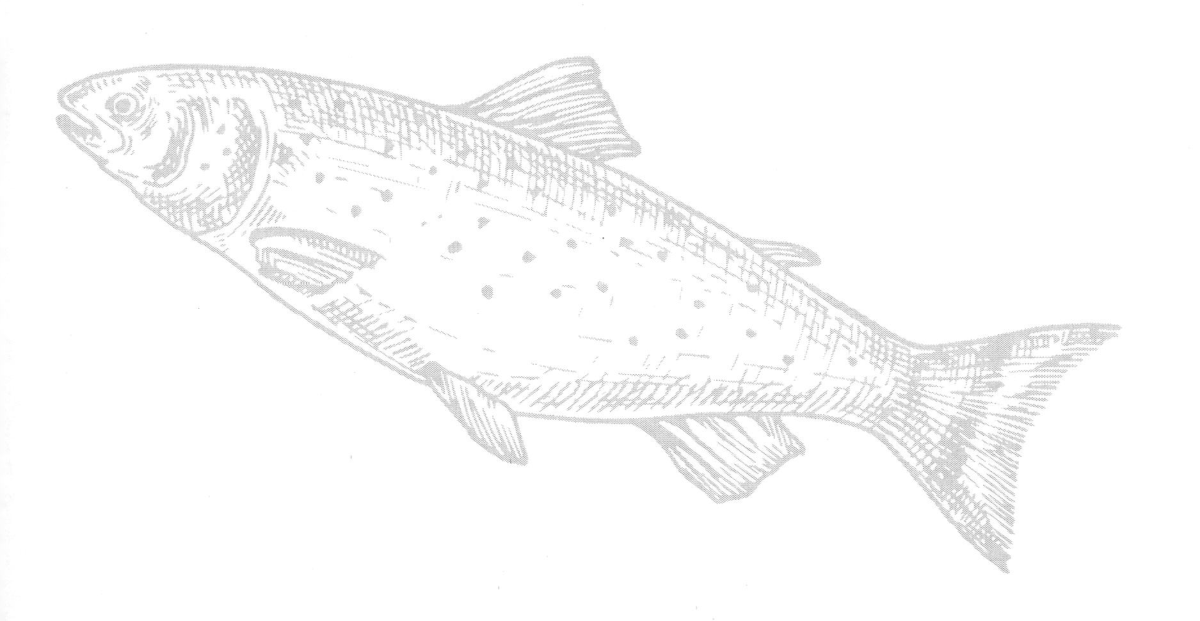

第一節　擬定危機處理計畫

「有備無患」，字面的含義是只要有準備就不會有憂患的意思。古人常形容常勝將軍是「運籌帷幄」，因而常說「運籌帷幄，決勝千里」。顯然，要運籌帷幄不僅要有充分的物質準備，更要有運籌的計畫。

一個主管的危機處理能力，同樣並非僅是在危機爆發時的應急能力。如果沒有事先的周密計畫，那麼，在危機爆發時，就很難以鎮定的態度去順利克服危機。

我們知道，每個企業在危機來臨前都會做好提前的監控和預防。但是，任何企業部門即使監控做得再好，也不能保證「萬無一失」。因此只有事先做好準備，才能在危機爆發時盡量減少損失，也不至於在危機來臨時慌亂手腳，不知所措。

危機處理計畫與其他一般計畫最大的不同之處在於，一般的計畫制定後都要付諸實施，而危機處理計畫是在緊急狀態下才實施的計畫。企業組織一般很少進入緊急狀態，這意味著危機處理計畫制定後，很可能在相當長時間內擱置不用。這使得很多管理者把希望寄託在不發生危機和危機發生後的隨機應變上，而不願意花時間考慮和制定危機處理計畫。

危機計畫，是公司內事先制定的，在緊急狀態下進行危機控制和處理的組織指揮，行動方案，物資裝備等方面的計畫，它展現了事先準備計畫的智慧。

(1) 危機處理計畫的必要性

很多企業在危機中失敗的教訓證明了制定危機處理計畫的重要性。在一場森林火災中，事先就沒有制定危機處理計畫。西部和東部兩大火場形成以後，撲火救災前線總指揮部才遲遲成立，撲火方案匆忙制定，撲火團隊臨時組織，撲火物資裝備盲目調撥，一切都顯得凌亂不堪，自然沒有良好的效果。

如果事先做好危機處理計畫就不會無從下手，恰恰能做到以下幾點：

① 從容決策，掌握主動

危機處理計畫是在危機爆發之前，一切都在正常的情況下進行的時候制定的，因此不會由於事態緊急而處於被動地位，而且有利於提高決策品質，保持主動地位。

② 減輕決策壓力

在危機爆發時，萬事蜂擁而至，果敢決斷，不容選擇。如果事先制定了危機處理計畫，就可以使決策者有所依憑，從而減輕心理壓力，做到從容不迫。

③ 迅速採取行動

有了危機處理計畫，一旦危機爆發，就能迅速採取行動，及早控制危機。

④ 便於事先訓練與準備

有了危機處理計畫，就能夠按照計畫的要求，事先組織訓練，準備物資，而不至於倉促應戰，一敗塗地。

(2) 制定危機處理計畫的常規過程

在危機預報的基礎上，對緊急狀態下控制風險和處理危機的決策包括組織指揮、專業團隊、行動方案、物資裝備、通訊聯絡等內容，我們應據此制定計畫，並依照計畫做好準備工作。因為情況是不斷變化的，所以我們還要不斷進行追蹤決策，並依據決策對計畫進行隨時的調整。

一旦危機爆發，危機處理計畫就要被付諸實施。一般來說，實施內容要根據危機爆發時的實際情況而定，所以與危機處理計畫並不完全一致。在危機處理的最後階段，要對危機處理計畫進行評估總結，提出修改意見，以便做到更加完善。

> 有句古話：「凡事預則立，不預則廢。」預就是精神準備，也指工作計畫，反覆思考就是使計畫周密。

第二節　危機應對也要以制度為本

當紐約世貿大廈被襲擊時，瓊 · 李安納正在皇后公園打高爾夫球。李安納頓時想起他有二十七個手下在那裡工作。他立刻扔下球棒，火速趕往位於哈德遜河畔四時三號大街的公司所在地。

這位在 UPS 供職已超過三十年的公司元老級人物一趕到那裡，馬上就命令手下立刻給所有司機的電腦化介面發送無線資訊，通知他們立刻集結。三個小時之後他稍稍松了一口氣，UPS 在這場災難中總共只損失了四輛被倒塌建築物壓壞的卡車。隨後，他將四千名員工全都召集到四十三號大街。由於空中運輸已經被中斷，地面上許多街道也已關閉或無法通行，他們從成千上萬的包裹中挑選出醫療類供應品。

然後將其中的兩百多份送到各家醫院、醫生和藥房那裡。「我早就領會了這樣一個道理，那就是放手讓我們的員工運行整個系統 .」

UPS 副總裁麥克爾 · 伊斯庫深有感觸的說。

UPS 由於它們在事件後明智的採取了合適的危機處理措施，並付出了艱辛的努力，僅僅一天之內包裹又開始投遞到家庭和公司手中。

由於 UPS 的航空投遞的件數較少，它比競爭對手聯邦快遞要幸運得多。這個全球最大的物流商在關鍵時刻所作的一系列重要調整，保證了它的投送團隊正常運轉。每年收入高達兩百七十億美元的 UPS 每天運送的貨物價值相當於國內生產總值的 7%。它出色的應變能力既源自於若干年前建立的成熟的危機應對制度，也得益於主管面臨災難做出的第一反應。

這場危機徹底檢驗了 UPS 的應變能力。航空部總經理羅伯特 · 樂吉特透露：儘管該公司的大多數航空投遞業務都在夜間展開，但是當關閉所有機場的時候，UPS 的六百二十架飛機中仍有五十六架正在飛行之中。開往原停泊地點的飛機，必須轉到北美的範庫佛峰著陸，這樣飛機上的包裹就得改變為地面的卡車運送。為避免地面運輸團隊因為額外的任務而不堪重負，UPS 啟動了應急機制，他們的飛機重新起飛，優選送達那些能在三天內到達目的地的包裹。其包裹運送沒有被延誤，UPS 因此獲得了客戶的信任。

危機管理的成功與否，關鍵在於危機發生之時是否已有一套成熟的危機應對制度。

—— 威爾 · 羅傑斯

第三節　危機處理的三大要點

有些公司，儘管他昔日的行為無可挑剔，他所獲得的利潤讓人垂涎三尺，但也會有意識的疏忽失誤。

處理危機就是直接對危機採取果斷措施。主要有以下幾點：

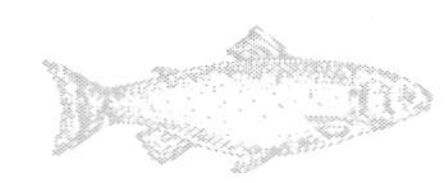

(1) 找出危機的要點所在

一旦找到了處理危機的主要脈點，做起來就可以集中力量。主要危機得到控制，其他問題也就自然迎刃而解了。

在三個北歐國家瑞典、挪威和丹麥將各自的航空公司合併後，成立了斯堪的納維亞民航聯營公司。1979 年第二次石油危機以後，燃料成本在一年內翻了一倍，但客運量的成長勢頭卻停止了。在激烈的「價格戰」面前，北歐航聯的收入從 1979 年到 1981 年逐年減少，從每年盈利一千七百萬美元變成虧損一千七百萬美元。這時，瑞典著名管理專家卡爾森入主北歐航聯，經過分析，他認為主要危機在於公司客源不暢，應當採取有力措施招攬旅客，尤其是商業旅客。

以前的狀況是由於商業旅客商務纏身，行蹤難定，所以不能及早訂位，因此享受不到旅遊者的優惠價格。他們按價付錢，但上了飛機後，受到的招待卻差強人意。比如商業旅客在斯德哥爾摩用四百美元買張去巴黎的客票，到頭來卻得到緊夾在兩個旅遊者中間的座位，而後者只花了兩百美元。這深深影響了商業旅客的客源。卡爾森對症下藥的說，北歐航聯應改弦易轍，把自己開成一家獨具特色的「商業旅客航空公司」。卡爾森就此展開了行動，增設歐洲商業旅客專艙，取名為「歐洲艙」。

所謂歐洲艙只不過是取消頭等艙，把商業旅客安置在了機艙前部，用一道屏風將他們和旅遊艙隔開。在「歐洲艙」裡，旅客們有更大的空間舒展四肢，可享用到免費飲料和特種餐。在機場裡，他們還能在專用櫃檯迅速辦理登機手續，還可以在裝有電話、使用者電報等設施的候機室裡進行工作。

卡爾森增設「歐洲艙」這一招，事實證明他是成功的。統計顯示，1982 年，乘坐「歐洲艙」的旅客人數上升了 8%。此後，北歐航聯又在橫越大西洋的班機上，也增設商業旅客專艙，使這類遠端航線的虧損也得到了遏制。結果，當年民航客運業務的收入提高了 25%，徹底消除了虧損。

(2) 行動果斷，控制危機

危機一旦爆發，就會迅速擴張。處理危機應該採取果斷措施，力求在危機損害擴大前控制住。

美國 1959 年的蔓越莓事件，就是一個很成功的例子。

蔓越莓是一種深紅色的酸性果實，是美國人感恩節餐桌上必不可少的一道佳品。1959 年感恩節前的 11 月 9 日，美國衛生教育福利部部長佛萊明突然宣布，當年的蔓越莓作物由於除草劑汙染，經過試驗證明已含有致癌物質。他又說，雖然沒有確切證據顯示這種果實會在人們身上確實產生癌細胞，但他奉勸大眾謹慎從事。

佛萊明的講話正值食品商店裡蔓越莓旺銷之際，其影響是可以想像的。為換回頹勢，製造蔓越莓果汁和果醬的海洋浪花公司立即發起了一場反擊戰。

最先他們成立了七人小組，向新聞界做出說明，並在第二天舉行記者招待會，還在全國廣播公司「今日新聞」電視節目中，安排了一個專訪，繼而又在紐約籌辦了一個食品雜貨製造商會議，讓副總裁史蒂文斯在會上澄清此事，接著，他們又打電話給佛萊明，要求他對這無法估計的損失負責任，並敦促其採取必要的措施。結果危機得到了有力的控制，形勢開始好轉。

(3) 竭盡全力，排除危機

企業採取危機處理措施時往往不一定能在短期內奏效。面對這種局面，企業領導者是否沉著鎮定，能否努力不懈，顯得尤其重要，有時局勢的轉換就來之於恆久的堅持。

1933 年豐田喜一郎創辦了豐田汽車公司，後曾一度陷入經營困境。二戰後豐田重建時，已是債臺高築。據統計，到 1950 年，註冊資本僅兩萬一千萬日元的豐田汽車公司，負債卻高達十億日元。無奈之下，豐田喜一郎引咎辭職，由原豐田自動紡織機械公司副總經理石田退三繼任豐田社長。

石田上任後，為了解決公司的財政危機，他幾乎天天出門，與公司財務部長花井正八到各家銀行尋求貸款，但是處處碰壁。然而他們毫不氣餒，繼續奔走於各家銀行之間。最後他們在日本銀行（中央銀行）名古屋分行行長高梨壯夫那裡找到了希望。高梨聽了石田的陳述之後，認為汽車工業前景光明，而石田、花井提出的策略也頗為可行，於是破例答應資助豐田公司。

這筆貸款挽救了豐田公司，使豐田起死回生。緊接著，韓戰爆發，美國軍事的特殊需求刺激了日本的經濟，也給豐田汽車帶來了無限商機。美軍向豐田公司購買了上千輛軍用汽車，豐田就此走上了復甦之路。

1945 年，日本戰敗，國力弛廢，百業凋敝。經營造船的石川島播磨公司，更是一蹶不振。在許多人眼裡，日本的造船業前途渺茫。這一年剛過五十歲生日的土光敏夫受命於危難之際，出任石川島播磨造船公司的總經理。他冷靜的分析了世界經濟形勢，認為戰後各國經濟的恢復、發展，對石油的依賴必然越來越大，因此需要大量油輪。建立海上輸油線已漸成必要；而從經濟角度來講，使用十萬噸級的超級油輪比用萬噸、千噸級油輪要划算得多，所以超級油船必然供不應求，而造大船正是石川島播磨公司的特長。土光作了反覆調查，決定破釜沉舟，將石川島播磨公司從危亡邊緣拯救出來。在企業面臨破產之際，而勇於下決心建造當時人們難以想像的巨型油輪，我們不得不佩服土光的雄才大略與遠見卓識。

在他的主持下，石川島播磨公司陸續造出世界上從未見過的二十萬、三十萬噸級巨型油輪。十年之後，日本造船業在土光敏夫的帶動下，已經稱雄於世界造船業了。當時世界上每十艘超級巨輪，便有八艘是日本所造的，石川島播磨公司也成了世界上最大的造船廠之一。

高瞻遠矚，處理與振興相結合。造成企業危機的原因錯綜複雜，其解決之道也多種多樣，一個成熟的企業家，往往能夠高瞻遠矚，透過黑暗看到光明，透過危機看到希望，把危機處理與企業的振興結合起來，這其中，能夠指出企業的方向和未來，就相當於使企業邁出了走向成功的第一步。

> 成長的危機在不同的行業、不同的地區、不同的企業、不同的年代輪番上演，雖然表現形式不同，但共性是如此驚人的相似。
>
> ——蘇內 · 韋特勞佛

第四節　如何消除危機的不良後果

每當危機來臨時，企業都要採取各種措施來消除危機所造成的消極後果，這種後果主要包括物質後果、人身後果和心理後果幾個方面。

(1) 人身後果

是指危機對人的生命和健康所造成的危害。一旦危機中發生傷亡，應立即通知其家屬或親屬，籌備好醫療工作和對死者家屬的撫恤工作，並充分滿足員工家屬的探視或弔唁願望。

(2) 物質後果

是指危機在物質財產方面給企業造成的損失。在物質後果中，除了危機直接毀壞的資源、財富、設備等損失以外，還包括危機間接造成的連鎖損失和處理危機所耗費的人力、物力和財力。

(3) 心理後果

是指危機在員工心理方面給企業造成的消極後果。

一般物質和人身方面的消極後果較為明顯，在短時期內影響很大，而心理後果有時就不太明顯，但它的潛在危害卻較大，消除物質後果固然不容易，消除心理後果難度就更大，其歷時更長遠，有時一場危機甚至會在有些人的心靈上留下終生的創傷。

危機後果的消除，一般先著重於人身和物質方面的消極後果，如短期內的傷患醫治，安排死者善後事宜；清理現場，修整或重建廠房，更新設備，準備恢復生產等。同時還要在較長的時期內，透過各種方式來消除心理方面的後果。

有時這種不利影響甚至會上升為危機對企業造成的最主要的危害。因此在危機處理中，維護企業形象在危機處理中也是必不可少的。

消除危機後果所需的時間比處理危機的時間要長得多，但企業這項工作不能拖延，時間拖得越長，危害越大。企業危機的發生還會給企業形象帶來十分不利的影響。

在危機處理中，公共關係部門應擔負起這方面的責任。

維護企業形象、消除危機不良後果具體可以從以下三方面著手：

① 把大眾利益放在首位

企業的良好形象離不開大眾的支援，所以要維護企業形象，首先要拿出實際行動維護大眾利益。當危機發生後，企業應把大眾利益放在第一位，而不能一味顧及自身付出的經濟價值。

② 善待被害者

對危機的被害者，企業部門主管應誠懇而謹慎向他們表示歉意。同時，必須周到做好傷亡者的救治與善後處理工作。最重要的是，應冷靜傾聽被害者的意見，耐心聽取被害者關於賠償損失的要求，以確定如何進行賠償。

③ 爭取得到媒體的理解與合作

媒體報導對企業形象有著重要而廣泛的影響，在危機處理過程中，企業要與媒體界真誠合作，盡可能避免對企業形象的不利報導。

> 能否處理好危機過後的不良後果，是企業主管的重中之重，她關係著企業未來的生存與發展。

第五節　人際關係危機處理

卡內基說過：「帶去我的員工，把我的工廠留下，不久後，工廠就會長滿雜草；帶走我的工廠，把我的員工留下，不久後我們就會有更好的工廠。」的確，人才要比金錢重要得多，決定一個企業的興與衰，是你擁有什麼樣的人才而不是你有多少資產。

對於一個企業的主管，對人才的管理尤其是當人才存在危機時，更要做好處理工作，避免人才流失對整個企業的損失。

多年來，對於團隊內部人才的衝突有著三種不同的觀點。

(1) 認為應該避免衝突，衝突本身顯示了團隊內部的機能失調，我們稱之為衝突的傳統觀點。

(2) 衝突的人際關係觀點，即認為衝突是任何團隊無可避免的必然產物，但它並不一定會導致不幸，而是可能成為有利於團體工作的積極動力。

(3)　最為新型的觀點認為，衝突不僅可以成為團隊中的積極動力，而且其中一些衝突對於團隊或部門的有效運作是絕對必要的，我們稱之為衝突的相互作用觀點。

在人際關係中，衝突必然而不可避免的存在著；衝突不可能被消除，有時它甚至會為公司帶來好處。

早期，在人們的眼裡團隊內部的衝突對企業是極其不利的，並且常常會給企業帶來消極影響，這種衝突成為暴力、破壞和非理性的同義詞，由於衝突是有害的，因此應該盡可能避免，管理者有責任在團隊中消除衝突。

相互作用的觀點並不是說所有的衝突都是好的。一些衝突支援組織的目標，它們屬於建設性類型，可將其稱為正常的衝突，而一些衝突則阻礙了團隊實現目標，它們就是功能失調的衝突，屬於破壞性類型。

當然，我們說衝突可能有價值，只是問題的一個方面；管理者如何能區別功能正常和功能失調的衝突呢？遺憾的是，二者之間的分界並不清楚明確。沒有一種衝突類型對所有條件都適合或都不適合。某種衝突的類型可能會促進某一部門為達到目標而健康、積極的工作，但對於另外的部門，或同一部門不同時期，則可能是功能失調的衝突。管理者希望在自己的企業中創造一種環境，其中的衝突是健康的，不會走到病態的極端，但衝突太多或太少都是不恰當的。管理者應激發正常的衝突來獲得最大收益，但當其轉變為破壞力量時又要降低衝突水準。目前我們還沒有一種複雜的測量工具來評估某種衝突類型是否正常，因此還需要管理者自己去進行智力判斷，以了解團隊中衝突的類型是否恰當。

當今的衝突理論為相互作用的觀點。人際關係觀點接納衝突，而相互作用的觀點則是去鼓勵衝突。這一理論觀點認為，融洽、和平、安寧、合作的團隊容易對變革的需要表現為靜觀、冷漠和遲鈍，因此，它的主要貢獻在於:

鼓勵管理者維持一種衝突的最低水準，這可以使公司或部門保持旺盛的生命力，善於自我反省和不斷創新。

經過多年的調查研究，研究人員已經了解到適量的和合適類型的衝突是有其正面效果的。

所謂適量的「衝突」指的是合適劑量的衝突，就如同一次爆發的腎上腺素，它能創造奇蹟，使你能夠解決問題並提高競爭力，合適類型的衝突指的是衝突應該是關於某些事情（如達到目標的最佳方法），而不是個性方面的。

作為總經理必須解決對企業有負面影響的衝突。這種負面影響有以下幾個方面：

(1) 衝突導致了自私自利心理的產生

衝突中的部門或個人往往會把個人利益放在公司其他人的利益之上。有時，不惜任何代價的去實現個人利益，這樣就給企業帶來了危害。

(2) 衝突會消耗時間和精力

處在衝突中的人往往會把時間和精力都用在解決自己的衝突上，而不去處理公司的實質性問題。這不僅影響到人與人之間的感情問題，更大的是會給企業帶來巨大的損失。

(3) 衝突會使員工產生對公司進行破壞的心理

工作場所的電腦化加重了員工陰謀破壞的結果。氣憤的專業人員、技術人員和支持他們的員工們，能破壞資料庫並關閉全公司的操作。使你無法在正常的情況下為顧客服務。

對於功能失調的衝突，管理者如何處理？你需要知道你自己及衝突對方的基本的衝突處理風格，了解衝突產生的情境並考慮你的最佳選擇。

正確面對和處理企業內部的人才危機，發揮人才衝突的正確功能，避免其負面影響。能否做好衝突工作是展現領導能力的試金石。

第六節　讓自己成為化解危機的強手

老子曰：「禍兮，福之所倚。」世界上本來就沒有絕對的禍，自然也就沒有絕對的福。禍總是相對於一定的參照物來說的。

在當今這個充滿激烈競爭的時代，任何一個主管都不可避免會遇到某種危機的挑戰。在危機面前，領導者必須勇敢的面對危機，冷靜分析，沉著應對，除了積極採取補救措施應對外，如何將壞的情形扭轉過來，並且化危機為機遇，不斷挺進崛起。

(1) 讓危機在自己面前自動化解

① 抓住問題的關鍵所在

抓住問題的關鍵。在許許多多複雜的，大大小小的難題中，有的難題是其他問題的焦點，更是解決一大堆難題的中心一環。因此，抓住這個「牛鼻子」，其他問題就會迎刃而解了。

當然，找出了矛盾的焦點，在解決過程中還需要多方面的、綜合的配套措施，也就是說要從全域著眼，並為解決其他問題打下一個良好的基礎。

這需要總攬全域，目光敏銳，堅決果敢。

加拿大航空公司由於經營不善，長期虧損，累計債款達二十四億加幣。企業背上了沉重包袱。

在這種情況下，公司請來了享有「解決難題高手」的美國人哈里斯做公司總裁。哈里斯不負眾望，在短短三年內，就使財政收支平衡，並有一億加幣的淨利。

② 借風上青雲

企業一旦陷入了危機狀態，主管不僅要從自身來挖掘潛藏的進取力，更要學會巧妙的借他人之力使自己不斷發展壯大。

③ 選擇擺脫危機的主攻方向

在擺脫危機的過程中，主管們會選擇一個主攻方向來進行突圍。

誰都明白，如果四面進取不僅會使力量分散，而且還徒勞無功。所以進取力必須集中在一點，但進取方向的選擇又是一個大問題。根據常規思維會從薄弱環節進取，但在某些特定情況下，一個超級主管反而會去揀「硬骨頭」啃，擒賊擒王，這樣既可做到進取力集中，而且一旦進取成功，「大王」被擒，「小賊」就會順風而倒。

④ 適應形勢，隨機應變

一個團隊如果只是活在今天的世界、今天的成就中，那它必將會被這個瞬息萬變的社會所淘汰。世事滄桑，一切都在變。所以，只是維持現狀就必不能在變動的明天中生存。

(2) 高人之舉，化危機為機遇

任何事物都是一分為二的。不能單從一方面去分析。突發事件會帶來危機，危機也必然會帶來破壞和損害，但是在危機中也往往蘊含著機遇；在突發危機中更是如此。

可是，這種機遇常常是隱藏在危機背後的，和危機混為一體，而且以極快的速度閃現又消失，讓人很難去把握。

通常情況下，人們只會怔怔的一動不動，危機所造成的混亂就已經把他們嚇傻了。一個超級主管則會泰然處之，他們不僅看到了緊張和混亂，而且還看到了倏然一亮的機遇，趁它還沒來得及逃逸，便已牢牢抓住它了，用來化解危機。甚至可以借用危機中的機遇來增強進取力，這樣不僅可以避免損失，而且還會解決在正常情況下無法解決的問題。

> 在中文裡，「危機」這個詞有兩個字組成——一個代表危險，另一個則代表機會。
>
> ——甘迺迪

第八章
觸摸人心，保護自己

為什麼人會「貧居鬧市無人問，富在深山有遠親」呢？當你認知並洞悉了下屬説話做事的隱藏的動機時，當你了解了他們隱藏在內心深處的需求和願望時，你便贏得了駕馭他們的卓越能力。

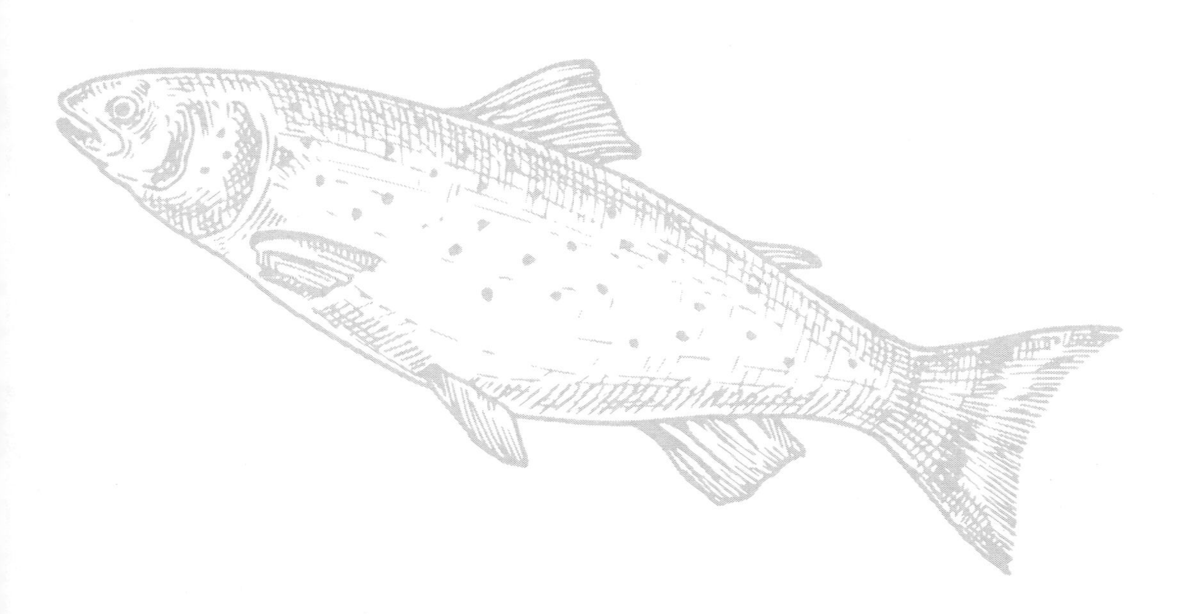

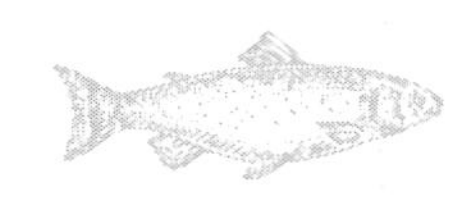

第一節　莫讓嫉妒的毒蛇傷到你

嫉妒之心人人都有，在面對別人比自己更有能力更出色的時候，常常會感覺到心裡非常不舒服、不踏實，這是因為自我意識的無端膨脹遮蔽了自己理智的目光，並由此產生了一種不良的嫉妒情緒。特別是在自己的命運突然出現可喜的轉變之時，比如，意料之外的升遷，輕鬆得到的財富，突然間取得的成功，都很容易激起原來和自己不相上下的人的嫉妒。

在現實中，人們往往不去承認自己的嫉妒，如果一旦承認了就等於說明自己真的技不如人。因此，嫉妒心常常是以一種潛在的不為公開的形式表現出來，而且會用許多表面現象來掩飾，例如，他會找出種種理由來責罵自己所嫉妒的人。如果他真的比自己聰明，但是沒有更高尚的道德或良心，還可能比較有影響力，那是因為他會玩弄權術。

如果讓嫉妒之心在內心任意發展，它不僅會傷害你的身心，更會傷害到你的靈魂。把嫉妒拋在腦後，它就會推動你不斷進步，不斷發展。要想處理潛藏心理暗處的嫉妒之心，不妨試試下面的辦法：

(1)　要接受一定有人會在某方面勝過自己的事實，同時也要接受你曾嫉妒他人的事實。但是你要把這種感受成為推動你有一天與他們平等甚至超過他們的力量，而激勵你努力打拚奮鬥。

(2)　在你獲得權力時，一定會受到同事們的嫉妒，他們也許不會有很強烈的表現，但是嫉妒是在所難免的，不要天真的接受他們展現給你的外表，只要你細心一點就很容易讀出他們的弦外之音及他們一個小小的嘲諷：背後的惡語中傷，言不由衷的過度讚美，痛恨的眼神。嫉妒所導致的許多問題來自於我們沒有及時察覺到，知道為時已晚。

對於那些天生就才華出眾的人，嫉妒往往是一個不得不迎頭面對的問題。羅利爵士是英國女王伊莉莎白身邊最出色的人才之一。他擁有著科學家的才華，所寫的詩篇被視為那個時代最優美的作品。他不僅是富有冒險精神的企業家、偉大的艦長，而且是英俊瀟灑、英氣十足的大臣。他散發出耀眼的個人魅力，從而成為女王的寵愛。可是不管他走到哪裡，人們都會擋住他的路。終於有一天，他從高位上重重跌了下來，失去了恩寵，最後被推上了斷頭臺。

他到死也沒有弄明白為什麼別人總是一而再再而三的反對他，他不懂自己的錯誤，正是由於沒能努力掩飾卓越的才能和想法而招來的橫禍，反而還要強加在別人的身上。他故意表現自己的多才多藝，以為這樣可以讓別人對自己印象深刻而贏得尊敬，但事實上這些行為卻為他製造出眾多暗處的敵人。這些人會讓他在失足或是犯下最輕微的過錯時插上一腳，置於死地。

因此，要做好充分的心理準備，謹防那些嫉妒之人在暗中對你搞鬼，在前進的路上設置各式各樣的障礙。如果剛開始就可以避免了別人的嫉妒，比起嫉妒發生後再將它消除更容易得多，所以你應該準備好應用的策略，防患於未然。先要意識到自己的哪些行動和想法會引起別人的嫉妒，就可以事先拔去利牙，免得它們把自己咬傷。

面對無情的現實，你必須玩一場智力遊戲，其實大眾的嫉妒是非常容易化解的，在風格與價值觀念上表現得跟他們盡量一樣。與位居你之下的人結盟，幫助他們獲得一點利益，以保障在危急時刻他們會支援你一把。千萬不要炫耀財富，展現出對別人的謙恭，彷彿他們比你更有權力。如果讓別人產生不如你的想法，只會激起不快樂的仰慕和嫉妒，而你卻被嫉妒之蛇在黑暗的地方啃噬著你的筋骨，直至你死亡為止。

在受到別人嫉妒的時候，你要強力表現出一項弱點來，比如一些不重要的社交過失或無傷大雅的惡習，讓那些嫉妒你的人一些尋求安慰的東西，引開他們的注意力。

> 那些把嫉妒和邪惡作為營養的人，見到最好的人也敢去咬一口。
>
> ——莎士比亞

第二節　了解把握下屬性格上的缺點

金無足赤，人無完人，世界上不存在十全十美的人。單從性格上來看，總會有這樣或那樣的缺陷或不足，但是只要自己了解了這些，並有意識的去克服，並不是不可以改變的。

可是，也有一些讓人「印象深刻」的人物。比如說「專家型」的，認定他對事情有權威的說法；「權術型」的，巴結奉承、追逐權勢；還有「野馬型」的，我行我素、為所欲為，對這類人，就應小心對待了。

雖然這些類型的人使人厭惡，但在他們當中也有成功的人物，原因是他們很了解自己，而且這些鮮明的個性對他的事業並沒有形成阻礙，反而是一種助力。

但也有那些個性較為溫和的，他們性格上的缺點看來似乎沒有什麼負面作用，但事實上卻嚴重阻礙了自己事業的發展。

(1) 常以顯示自己的缺點為榮者

這種人在公司裡隨處可見。他們常常是過分的去輕信自己的直覺，而且自我感覺良好。對於自身存在的不足，卻經常掛在嘴邊，恐怕別人不知道，以此來表白自己是多麼的嚴於律己，多麼的勇於自我剖析。這種「你看我有多糟」的態度總有一天會影響到他的前途，最後總會有人不想「看」這些缺點，而更糟的是，很可能因此而把他整個人都否定了。

(2) 過分表現自己

與這種暴露自己缺點的人恰恰相反，有的人以自吹自擂為樂事，彷彿見到人不講自己的長處，別人就不了解自己一樣。時間長了，總讓人覺得討厭，更讓人覺得此人沒有什麼真正的本事可言，就只有那麼一點點自我吹噓的本領了。

(3) 悲觀失望者

不管對任何一種方案都有兩種不同的意見，無論是反對還是同意。作為主持會議的人來說，總是會有人站出來，講出自己的意見，即使是反對的意見。可以說，每個公司的會議上都存在著這樣的人，他們的悲觀言論能使激進分子的狂熱頭腦降一降溫。

這也是他們的作用所在，但是任何主管都不希望在自己的公司裡有這種人的存在，這類人常常被派去做些事務性的雜事，從來不會被委以重任。往往被派到那種無聲無息的工作職位上，只見其影響不聞其聲的地方。

假如你有這種情緒的話，一定要想辦法，把它改變過來，即使有時需要保持沉默，也不要貿然講出你悲觀的言論，否則只會破壞大家的情緒，甚至會影響到你在公司的地位。

(4) 喜歡單打獨鬥者

這類人總的說來給人的印象還是不錯的，他們工作積極肯做，任勞任怨，而且品格和效率都很高。唯一不足的是他們總是喜歡獨來獨往，個人行動，不願與他人合作做事。因此，他們往往學有所長，尤其是在工程設計、稅務財會、電腦軟體上比較擅長，由此而更加埋頭於專業之中，不願與人來往，這也同樣造成了他孤僻的性格。

他們表現出來的言行表面看來，好像是缺乏合作共事的精神或總是喜好以個人為伍。其實，只要你能夠進行合理安排，發揮並照顧了他們的特長，他們會十分隨和而努力的。正是由於他們學有所長，身懷絕技，所以他們的工作往往都很有成績，但僅此而已。靠一技之長並不能使他們的事業達到頂峰，往往只能達到中層的位置，即便原地踏步也難以前進，在事業之路上緩慢獨行直到最後。

很多人都很擔心那些看來似乎野心勃勃、志在必得的同事們，覺得他們是一種威脅，其實，這些人如果真有才能，他們反而可以成為你最可貴的夥伴。你可以與他們同謀共事，一起平步青雲。你更可以學習他們的長處，彌補自己的短處，青出於藍而勝於藍。

真正的危險人物與野心抱負是毫不相干的，他們不會有什麼出人頭地的創舉，只求得過且過，每個公司裡都有這樣的例子，只是各不相同，各有所長。

(1) 口是心非

他專門挑人家愛聽的話去說，曲意奉承，但事實上卻不能兌現。他告訴你可以做一大筆生意，而當你費時費力準備好談判時，他卻找藉口推三阻四，我們生活中隨時都可能會遇到這種人，吃一次虧就算了，但你卻不應該上第二次當。

(2) 沒有意見的主管

這類主管對下屬或其他部門的意見總是表示贊同，因為他不想壓制員工們的創造力。他常喜歡用的詞語是「我沒意見」、「行，可以做」。但怎樣去做則沒有意見了。長此下去，由於對任何想法都是同意，員工對聽他的意見如同沒聽一樣。如果你真的照他們所講的去做的話，實際上是徒勞，不會有所創造的。

(3) 樣樣都懂

和他們在一起就好像擁有了百科全書，世界上的事他都看遍，在他們眼裡，這個世界並無什麼新鮮事可言，很可能會成為公司歷史學家。他們擁有電腦般的腦子、必勝的信心、超凡的直覺。但在他們頭腦裡恰恰缺少「我不懂」、「我弄錯了」、「你能幫我一下嗎」的話語，他們的意見總是一大堆，但他們說出的看法往往讓人不知所云，而且很容易讓人產生錯覺。

(4) 雙面人

這種人最大的本事是在別人錄取他時，能夠充分顯示其語言才能討好對方，一旦被錄取後，當你不在場時，他則會用可惡的語言來攻擊、嘲笑你，當你察覺時為時已晚。

(5) 學會糊塗

每當遇到不方便的時候，這種人就彷彿什麼都不知道了。如不會用影印機，不會用傳真機，不會開啟電腦等等，甚至連小小的業務問題都無法解決，需要請你代他去做。這類人，當無事時，他們則會在那裡高談闊論，遇到有事時，就會不見他們的身影。

(6) 多管閒事

此類人物總愛不惜任何代價，去從四處打聽來自各方的小道消息，然後就開始四處傳播。他們常常說:「請相信我，我絕對保守祕密。」但短短時間，可能全公司都已知道。這種人是天生的情報交換點，而且還是雙重間諜，他們總是兩邊去搬弄是非，但是他們會告訴你許多你並不知道的事。當然他們的危險在於，既然能向你訴說他人的隱私，也能向別人公布你的祕密。對付這種人，最好的辦法是少說多聽，以免你也被他給賣了。

(7) 呆板固執

這類人可以經常得到經理的賞識。因為他們工作踏實認真，常常加班加點，對於每一個細節問題都考慮得十分仔細和認真，他們對自己的要求也很嚴格，毫無鬆懈之意。不論是認真清理辦公桌上的迴紋針與大頭針，還是計算排程，他們都是那樣一絲不苟。這種人有時對細節斤斤計較，官腔十足，此時此刻他把自己看成了是你的主管一樣，此時也正是使你思維發生混亂的時候，千萬別被他的虛張聲勢所誘惑。

我們所說的這幾種人並不能將大千世界的種種類型的人都包括。但也不是說公司裡總是被這些人所充斥，你也不一定要把現實的人，一一對號入座。但科學研究成果顯示，在任何公司裡，總有 10%的人是難纏的，有 70%的人成為他們的犧牲品。作為老闆應做的事，是讓那剩下的 20%的人免受其害，並教他們識別出危險人物的方法，那麼就贏得了勝利的一半，同時另一半是教他們如何去防備。

> 知人善任，大多數人都會有部分長處，部分短處，好像大象食糧以斗計，蟻一小勺便足夠。各盡所能，各取所需，以量才而用為原則。又像一部機器，假如主要的機件需要五百匹馬力去發動，而其中的一個部件則只需半匹馬力去發動，雖然半匹馬力相比很多，但也能發揮其作用。
>
> —— 李嘉誠

第三節　不要與小人為敵

一位先生曾有過這樣經驗，他說在和對方關係好轉之後，才知道原來他從前對我也同樣有厭惡的感覺，而且專門跟我唱反調，覺得我冷酷，他厭惡我的理由完全和我厭惡他的理由相同，這使我感到驚奇。

我們知道，一個任性的人在做事時會遇到很多的阻礙，周圍的人都不會用一種正常的眼光去看你。總是「以惡為仇，以厭為敵」是不行的，久而久之，你會四面楚歌，自身也會成為眾矢之的目標。

在北宋朋黨紛爭的政局中，王安石一意推行他的新法，但卻忽略了拉攏舊派以求人和政通，這是他遭受舊派全力反對的主要原因，也是新法推行的主要阻力。

舊派重臣名流，能否真誠接納王安石、支持新法，本來就是一個大問題，可王安石個性固執冥頑，自認「天變不足畏懼，祖宗不足取法，議論不足體恤」。不肯聯合舊派、求同存異，也不設法溝通以獲諒解，甚至不容忍接納相左的意見，大大喪失了人和，增添了輿論的壓力。尤其是來自諫官的彈劾攻擊，使新法的推行成為黨派相爭的口實，你死我活，一旦舊派抬頭，新法也就全面廢棄了。

從整體上看王安石推行新法，他只對事不對人，這本身就是一種錯誤，忽略對人，最終導致了嚴重的失敗。

要想推行新法，首先就要打通朝野關節，上求當政要員贊成支持，下求百姓大眾了解接受，單靠一個皇帝獨自贊成就想成功，那是不可能的。

同時大舉推行新法，還要有足夠的配合力量，切實負責，有攻有守，並且還要讓這些推行人員對所執行的新法有充分的理解，還須受過推行方法的訓練。不是一紙新令下去，隨便用人執行，就能辦得通、辦得好的。

王安石的才智、勇氣與理想，是很值得我們學習發揚的。但他在氣量、政治運作技術以及待人處世上所顯示的缺失，也是千百年來一大警誡。

同樣，作為一個企業的主管，更要明白為人處事的重要性，在人與人之間的交往中要注意：

(1) 有容人之過的雅量

金無足赤，人無完人。所謂「容過」，就是容許別人犯錯誤，也給別人機會改正錯誤。不要因為某人有過失，便瞧不起他，或一棍子打死，或從此冷眼看待對方，「一過定終身」。

孰能無過呢？誰都可能犯錯誤，這樣一概而論，「容過」可能比較容易。「容過」講的卻是這樣一種「過」，它給自己帶來了一定的傷害，或在某種程度上與自己有關。例如，下屬有了錯誤，合作者有了失誤，或者是自己的朋友有了什麼過失等等。在這種情況下，能否有一種寬容的態度對待這種「過」，顯然是衡量人的胸襟的一個標準。「容過」，就是要壓制或克服內心對當事人的歧視，儘管自己心裡感到不高興，感到煩惱，但也應該設身處地為當事人著想，假如自己在這種情況下會怎麼樣，在做錯了這件事之後又有什麼想法，當然，這裡需要「容」的是當事人本人，對於具體的事情本身卻應該講清楚，該責罵的也要責罵。

(2)「以惡為仇，以厭為敵」，便會下意識對你不喜歡的人做點小動作，處處刁難。

好壞自有公論，高低也自有大眾明察。結果是你的所作所為並不能奈何別人，你自己倒是徹底孤立於大眾之外了。不但你所不喜歡的人與你嫌隙越深，而且周圍其他人也會對你有所不滿，況且，這個你不喜歡的人或許在某些方面對你能有所幫助，但由於你的敵意，結果失去了一個好幫手。

(3) 要知道，世界上不存在完全相同的人

性格、喜好、立場、行為不一致的人在同一範圍內生活相處，都是很正常的。如果純粹以個人的愛憎來選擇交往的對象，那就只能生活在一個越來越狹窄的小天地。

(4) 和「小人」交往，並不是降低你的人格

或許你會覺得，對於那些個性立場不一致的人，固然不應該以個人愛憎來處理與他的關係；但對於那些品格不好、行為不太檢點，因而令你看不慣和討厭的人來說，和他過不去難道不應該嗎？和他們交往豈不是降低了自己的身分？這樣你可是大錯特錯了。

從感情方面說，這種人的確很令人憎惡和討厭，但這並不等於非和他彆扭，更不應置之於死地而後快，只要他不是頑固不化、不可救藥的人，就應當真誠的接近他、提攜他、感化他、幫助他。這並不是降低你的人格，而恰恰是證明了你寬容的胸襟。相反，要是人家一有缺點和不足，就把人家往死裡打，往絕路推，這不但暴露了自己人格的低下，而且也顯得自己太小肚雞腸了。

(5) 你可能和他有共同的缺點而格格不入

人一遇到和自己具有相同缺點的人，似乎波長會相合而產生跳動，即刻產生厭惡的感覺。

我們通常與某人和平相處而失敗時，首先會醜化對方，欲以排擠，倒不如先謹慎的自省，正視自己的缺點，或是掃除厭惡對方之感的根源，這才是最重要的。

習慣身邊的人們的缺點，正如習慣醜陋的面孔一樣。有求於人時，不妨遷就一下；有些雞鳴狗盜的人，我們雖然不愛與之相處卻又有求於他們。我

們應該漸漸容忍他們令人不悅的地方，同時警惕自己不要與之同流合汙。化敵為友，更是作為一個合格的總經理應該達到的境界。

> 心胸狹窄的人不會快樂。心胸狹窄的最簡單的定義是太過分專注於個人的利益，而容不下別人的利益。
>
> ——羅曼．羅蘭

第四節　不要讓謠言左右你

知名作家把婚姻比作圍城，其實，作為一個企業的總經理，也猶如走進了圍城。但這個圍城比婚姻的圍城更深不可測。外面的想衝進來，進去的更想往裡鑽。如果你是一個正想走進這個圍城的年輕人，如果某一天你的機會來了，你突然成為了一線主管或總經理，這時候，在你的周圍可能就會出現閒言碎語。那些嫉妒你的人總想用一種無形的力量來壓倒你。

在「沉默是金」的運用中，你也許已經領教了「報馬仔」傳遞八卦的工夫。他們在人前人後的精彩表演，給你發布的一則則花邊資訊及小報導，使你總會產生不祥之感。

「人言可畏」，作為一個組織的管理者，你更應該深刻理解這四個字所包藏的無數辛酸。

「沉默是金」的運用，使那些愛講八卦的人在你這裡得不到權威的支援，找不到語言進一步傳播、事態進一步擴大的突破口。但別忘了，謠言是無孔不入的，也許他們能在別處找到情趣相投的「知己」。所以你在沉默之後，還必須站出來勇敢闢謠。

千萬別以為採取聽之任之，以不變應萬變的策略，謠言最終會不攻自破。也許，隨著時間的推移，會真相大白，人們也許會漸漸淡忘掉曾經發生過的不愉快，但是謠言所經之處畢竟造成了很大的影響，對當事人更是精神上的摧殘。它會在組織的和諧空氣中，彌漫類似於硫磺味道的氣體，讓你感到危機四伏。

也許，終有一日謠言也會落到你的頭上，你仍能保持沉默、篤信「事實勝於雄辯」的箴言嗎？事實上，你的員工在了解謠言並非事實以後，最多是對你驚人的忍耐力大加讚賞。但糟糕的是，假使謠言無法澄清，員工們也許就誤認為你的沉默就是默認了呢！

謠言是公司穩定的大敵，你必須及時發現它，認知它，進而澄清它，你要做的工作就是內部闢謠。

對於謠言，你不能突然站出來大喊一聲「那是謠言，大家別信」就草草了事。謠言之所以能在公司中散播，是利用了不明真相大眾的獵奇心理，只要你認真收集事實證據，然後在適當的時候抖出來，或是透過員工中較有威信的人員將真實的資訊在員工當中傳開，了解真相的人們自然也就會為當事人平反了。

公司人際和諧，最怕的就是那些好事者們。對待他們，你最好拿起法律的武器給以還擊，千萬別與他們結下私人恩怨，那樣的話，捕風捉影的事會在你身上時有發生。也別在工作中故意刁難那些製造謠言、混淆是非的人，你的責難會被別人誤解對他人的打擊報復，如果謠言發生在你身上，那人們就更有可能相信謠言的真實性了。

公司的穩定，是絕不能給搬弄是非的人以生存的空間的。

如果你的公司中人際緊張，謠言四起，那對員工績效的取得無疑是最大的一道屏障。

勇敢站出來闢謠，用你的正直善良、光明磊落，使造謠者無可乘之機，用你敏銳的觀察、誠實的工作，為你的組織人際的和諧驅除謠言的陰雲！

> 作為總經理，學會如何澄清謠言，對自己本身和整個團隊都百利而無一害。不要一貫的沉默，那樣只會增加他們的氣焰。把握好分寸和尺度，一切澄清之後，你會得到更多人的青睞。

第五節　小心！不要被人利用

在現實工作生活中，很多人就是利用別人而使自己成功的。利用有很多種，但大多數情況下，他們都會去尋找一個人最脆弱的方面去利用。人非草木，孰能無情。感情可以說是大多數人的弱點。所以，很多人會找出這個弱點，使人們心理有壓力，去迎合他，事後才知上當受騙。老實人更是經常成為這種場合的受害者。那麼，怎樣才能克服自身的弱點，不被別人利用呢？

你可以回想一下自己向別人讓步或感到被人利用時的感覺是什麼？是誰用什麼話或何種舉動來激起你的情感？一旦確定了能影響你的決定因素後，先將這些因素排除掉。即使不能完全消除自己的弱點，你仍然可以擺脫別人的支配，做自己認為應該做的事。這樣不僅自己愉快，別人也會尊重你。不知你是否有以下弱點：

(1) 不會忍受沉默

想控制你的人會用一種冷峻傲骨的態度對待你。時間一長，你的心裡就會產生一種抗拒的感覺，並開始與之斤斤計較。

(2) 為諂媚所蒙蔽

孩子在父母即將懲罰他們時，會用熱烈摟抱或親吻來表示愛，使父母心軟下來從而使他們逃避懲罰。成年人之間也常用這種手段。諂媚能蒙蔽你的洞察力，使你甘願順從別人。

(3) 容易感到內疚

最常見的一種操縱別人的手段就是使對方感到內疚。有人很會裝出一副自我犧牲或可憐巴巴的樣子，其實他們都是這種感情敲詐的行家。

(4) 對自己現在的地位缺乏安全感

處於特定位置的人（如父母、經理或監護人），既有權利也有責任，當受到一個提出不公平合理要求的人指責或威脅時，受威脅人會因對自身地位沒有安全感而做出讓步。

(5) 害怕衝突

很多優柔寡斷的人為了避免衝突，常常會對任何事情委曲求全。在父母經常發生衝突的家庭中成長的人，往往會憎恨任何形式的不和；在那些父母小心翼翼掩飾衝突的家庭中長大的子女，往往會有一種「必須保持良好關係」的觀念。

(6) 害怕與眾不同

「如果和別人不一樣，肯定是自己有問題」的觀念是造成此種心理的主要原因，但你要知道：第一，別人的所為不一定對；第二，如果你總是以別人為標準，就會失去肯定自己、按自己的價值標準生活的能力。

(7) 害怕別人不注意

許多聰明有見識的人竟不能忍受別人不喜歡自己。這些不實事求是的人永遠不知道，為了得到別人贊同，會犧牲自尊和別人對自己的尊重。

(8) 易生惻隱之心

一些玩弄「我好可憐」把戲的人，最擅長欺騙別人。遇到這種人時要自問：「此人是否在玩弄我的同情心？」另一種慣用手法是哭泣，兒童的眼淚說流就流，而且還會選擇父母之中心腸軟的一位來實施目標攻勢。但有些成年人常常也用哭來提出他們的需要。

如果你有這些弱點，為了避免被別人利用，就要有意識的克服，逐漸使自己從容易成為「受害者」的「老實人」群體中分離出來，讓自己成為一個獨立的個體。

> 在個人身上，能夠導致絕對滿足的就是自我個性的實現，即在實踐上發揮別人所不能模仿自己的特點。
>
> ── 西田幾多郎

第六節　了解下屬的性格秉性

俗話說：「江山易改，秉性難移。」這個道理適用於任何人。

領導者要想說服和勸導下屬，讓他們依照你的意志行事，就必須摸清下屬的性格秉性，對不同的人施以不同的手段，不能千篇一律，也不能「牛不吃草強按頭」。

摸透下屬的秉性，必須對下屬有全面、細膩的了解。對員工的情況知道得越多，就越能理解他們，理解他們的觀點和問題。作為領導人，你應該盡一切力量去認識和理解一個人的全部情況。

你應該了解員工的家庭。家庭是他們的一部分，影響著員工的工作和行為模式。如果你知道員工的家裡有多少人，子女的年齡、名字，就讀學校，學業成績如何等等，那麼你就能更好好理解你的員工。

同樣的，你對員工本人的情況也應該有所了解。他們的籍貫？工作經歷？有什麼特別的技能或愛好？受過什麼教育？目標和抱負是什麼？

了解關於員工的這些問題，你就能夠與員工探討調到較好職位的可能性，探討他們的晉升機會。他們渴望成為主管的話，還能一起分析他們是否具備了公司所要求的教育水準和個人素養。

當一個領導者，不可能對每一個員工的情況有太多的了解。了解到以上幾方面的情況，你就能好好理解你的員工，理解他的問題，明白他的觀點，並且能設身處地對待他。

員工在能力和才幹上存在很大差異，這是你必須面對的活生生的事實。你的某些員工掌握了扎實的技能，他人很可能缺乏這種才能。有些人聰明，有些人笨拙；有些人可能很快就勝任新的工作，有些人則學得很慢。人與人不一樣，你得承認這個事實。

你的員工會把他們的差異帶到工作中來，這些差異是由他們長年的生活和經歷造成的。你要想重新塑造他們，改變他們，這是不現實的。他們是什麼樣，你就得承認他們是什麼樣，他們能怎麼做，你就得讓他們怎麼做。如果你不這樣做，而去改變他們，你就會遇到不必要的挫折。

> 期望得到贊許和尊重，它根深蒂固存在於人的本性中，要是沒有這種精神刺激，人類合作就完全不可能。
>
> —— 愛因斯坦

第七節　坦誠相見，摸透下屬的心

一個團體或公司企業匯集了來自五湖四海的人，作為總經理，你想過沒有：這些性情各異的人為何會聚集在你的周圍，聽你指揮，為你效勞？

俗話說：「澆樹要澆根，帶人要帶心。」領導者必須摸清下屬的內心願望和需求，並予以適當的滿足，才可能讓眾人追隨你。

下面是專家的分析，將大多數職員的共同需求總結出來，領導者對此要諳熟於心。

(1) 做同樣的工作，拿同樣的錢

大多數員工都希望他們工作能得到公平的報酬，即：同樣的工作得到同樣的報酬。員工不滿的是別人做同類或同樣的工作，卻拿更多的錢。他們希望自己的收入符合正常的水準。偏離準則是令人惱火的，很可能引起員工的不滿。

(2) 被看成是一個「人物」

員工希望自己在夥伴的眼裡顯得很重要。他們希望自己的出色工作能得到承認。鼓勵幾句、拍拍肩膀或增加薪水都能有助於滿足這種需要。

(3) 步步高升的機會

多數員工都希望在工作中有晉升的機會。向前發展是至關重要的，沒有前途的工作會使員工產生不滿，最終可能導致辭職。

除了有晉升機會外，員工還希望工作有保障，對於身為一家之主並要撫養幾口人的員工來說，情況更是這樣。

(4) 在舒適的地方從事有趣的工作

許多員工把這一點排在許多要素的前列。員工大都希望有一個安全、清潔和舒適的工作環境。但是，如果員工們對工作不感興趣，那麼舒適的工作場所也無濟於事。

當然，不同的工作對各個不同的員工有不同的吸引力。同樣東西對這個人說來是蜜糖，對另一個人可能是毒藥。因此，你應該認真負責為你的員工選擇和安排工作。

(5) 被你的「大家庭」所接受

員工謀求社會的承認和同事的認可。如果得不到這些，他們的士氣就可能低落而缺乏效率，使工作效率受到損害。員工們不僅需要感到自己歸屬於員工群體，而且還需要感到自己歸屬於公司這個整體，是公司整體的一部分。

所有的員工都希望公司賞識他們，甚至需要他們一起來討論工作，討論可能出現的變動或某種新的工作方法，不是透過小道消息而是直接從主管那裡得到這樣的資訊，將有助於使員工感到他們是公司整體的一部分。

(6) 主管別是「窩囊廢」

所有的員工都需要信賴他們的領導者，他們願意為那些了解他們的職責、能做出正確決策和行為公正無私的人工作，而不希望碰上一個「窩囊廢」來當他的主管。

不同的員工對這些需要和願望的側重有所不同。作為領導人，你應該認知到這類個人需要，認知到員工對這類需要有不同的側重。對這位員工來說，晉升的機會或許最為重要，而對另一位來說，工作保障可能是第一重要。

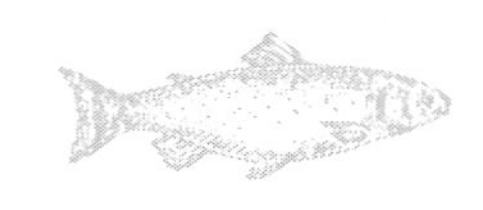

鑑別個人的需要對你來說並非易事，所以要警覺到這一點。員工嘴上說想要什麼，與他們實際上想要什麼可能是兩回事。例如，他們可能聲稱對薪水不滿意，但他們真正的需要卻是要得到其他員工的承認。為了處理好人際關係，你應該了解這些需要，並盡可能去創造能滿足員工的大部分需要的條件。為此而努力的主管會與他的員工相處得很好，使得上下一心，有效的、協調一致的進行工作。

世間最純粹、最暖人胸懷的樂事，恐怕莫過於看見一顆偉大的心靈對自己開誠相見。

—— 歌德

第八節　解決生人文化與熟人文化的難題

企業文化是企業在長期生產經營活動中，創造的具有企業特色的物質財富和精神財富的總和，它包括企業的目標和宗旨、共同的價值觀念、行為習慣、規章制度以及它們的外在表現 —— 企業形象。它的出現，標誌著企業管理從物質的、制度的層次，向更高的文化層次發展，企業文化是連接傳統文化與現代文化、政治文化與經濟文化、世界文化與民族文化的橋梁，具有鮮明的民族、地區和時代特色。世界頭等經濟大國美國十分重視企業文化的構建，這是其經濟能迅速發展的重要原因之一。

(1) 用獎勵激勵創新

美國許多企業都用不斷創新來保持自己的優勢。杜邦公司成功的經驗是發揚不停頓精神，不斷開發新產品，公司的成功在於創新有絕招，招招都很妙。公司不輕易扼殺一個設想，如果一個設想在各部門找不到歸宿，設想者可以利用 15%的工作時間來證明自己的設想是正確的。公司還能容忍失敗。

「只有容忍錯誤，才能進行革新」、「過於苛求，只會扼殺人們的創造性」，這些是公司的座右銘。成功者受到獎勵、重獎，失敗者也不受罰。公司董事長威廉 · 麥克唐納說：「企業主管是創新闖將的後臺。」

(2) 堅持以人為本的原則

斯科特是美國紐約州西部的一傍河小鎮，儘管 IBM 的總部設在曼哈頓，但公司真正的靈魂卻是在斯科特。在老沃森到來之前，斯科特的「第一號人物」是喬治 · 詹森，同樣是一位傳奇的企業家。詹森早年經營波士頓製鞋廠的一個小工廠，在自由競爭的資本主義黃金年代，白手致富，成了「歷史上最進步的著名企業家」。他在事業的鼎盛時期來到斯科特，想把他的企業創辦成「工業民主」的模範。詹森在這裡建購物中心、一座學校、一座圖書館、幾個公園，以及運動場、高爾夫球場，並把它們捐贈給鎮上。在進出斯科特的高速公路上，詹森還修建了兩座用石頭砌起來的拱形大門，在門上刻上「公平之家」幾個大字。

老沃森初到斯科特建立計算製圖記錄公司的工廠時，詹森儼然是他的「保護神」。他教給沃森一些許多為員工謀福利的方法和經營銷售之道。從這位「偉大的進步主義者」身上老沃森學到了許多點子，並把它們一一轉化成了 IBM 著名的「企業文化」的重要內容。

像詹森總是把自己看成是工人一樣，老沃森也常常以推銷員自居。他在斯科特北大街上買下了一片荒地，建立了一片裝有空調設備的白色的現代化工廠，以及一座宏偉的研究和發展中心。這個中心的正面建築是古希臘柱頭式的；所有在 IBM 建築物前走過的人，都會不由自主感到「一股強大的公司精神和生命力」。在工作的工廠裡，機器一塵不染，硬木地板擦得很亮。老沃森還在工廠後面的小山上，買下了一家古老的非法酒店，把它改造成一個鄉村俱樂部，飲料全部免費。俱樂部附設兩個高爾夫球場和一個射擊場。任何IBM 員工都可加入俱樂部，每年僅須交納一美元。為了「減輕一下員工妻子的廚房工作」，俱樂部每星期還提供三頓晚飯。此外，IBM 還提供免費的音樂會和圖書館，開設夜校以提高員工的素養。

小沃森後來這樣描述這些企業福利措施的效果：

「爸爸相信寬宏大量在管理方面的作用，事實證明他是正確的。在斯科特，人們的道德素養和生產效率非常高。在那個工會運動風起雲湧的年代，IBM 的員工們從未感到有組織工會的必要。」

老沃森對有形資產、工作生產率、利潤之外的「企業文化」的重視，其最終的目的，是「以人為本」，依靠忠誠而有能力的人才，把 IBM 建設成世界一流企業。這其實是最為一本萬利的生意。

(3) 實行利益共用

在美國，許多企業都實行股份制。透過員工持股，使其除薪水收入外還能分到紅利。此外還增加了員工參與經營管理的權利，提高了他們的身分、地位和安全感，美國最大的連鎖店沃爾瑪公司、「旅店帝國」希爾頓公司，均將一部分股份作為薪水或福利分給員工。惠普公司等還透過增加員工的福利(如為子女提供助學金)，讓員工共用公司成果。

(4) 自我價值的高度重視

美國著名的蘋果電腦公司認為，企業要想發展，就要開發每個人的智力閃光點的資源。「人人參與」、「群言堂」的企業文化，使該公司不斷開發出具有轟動效應的新產品。強力筆記本式蘋果機就是其中之一。IBM 公司認為，責任和權力是一對孿生兄弟，要使員工對工作負責任，就必須尊重人、信任人，並給予實際的自主權。IBM 公司的新事業開拓小組的所有組員都是自願來參加的，他們有高度的自主權。只要小組達到公司的績效標準便可得到好處，即使失敗了，公司也保證小組成員原來的職位和待遇。異想天開、離奇的想法在 3M 公司都能得到理解和寬容，理性設想在 IBM 公司總能找到歸宿。

(5) 提倡競爭和獻身意識

競爭出效益，競爭出成果，競爭出人才，一切在競爭中求發展。但競爭的目的不在於消滅對手，而在於參與競爭的各方更加去努力工作。美國企業十分重視為員工提供公平競爭環境和競爭規則，充分激發其積極性，發揮他們的才能。如 IBM 公司對員工的評價是以其貢獻來衡量，提倡高效率和卓越精神，鼓勵所有管理人員成為電腦應用技術專家。福特汽車公司在提升幹部時，憑業績取人，嚴格按照「貴以授爵，能以授職」的原則行事。福特公司前總裁亨利 ・ 福特說：「最高職位是不能遺傳的，只能靠自己去爭取。」

> 一個企業能否在競爭中立住腳，不是單靠領導者一人而言的。它需要全體上下同心協力。創建一個良好的人文環境，是企業發展的保障。

第九章
創新能力：換腦之後再洗腦

強烈的創新意識是現代領導者的靈魂。世上萬事萬物都處在不斷發展變化之中，身為領導者的思考與管理方式也必須隨之改變、發展，這就是所謂「與時俱進」。

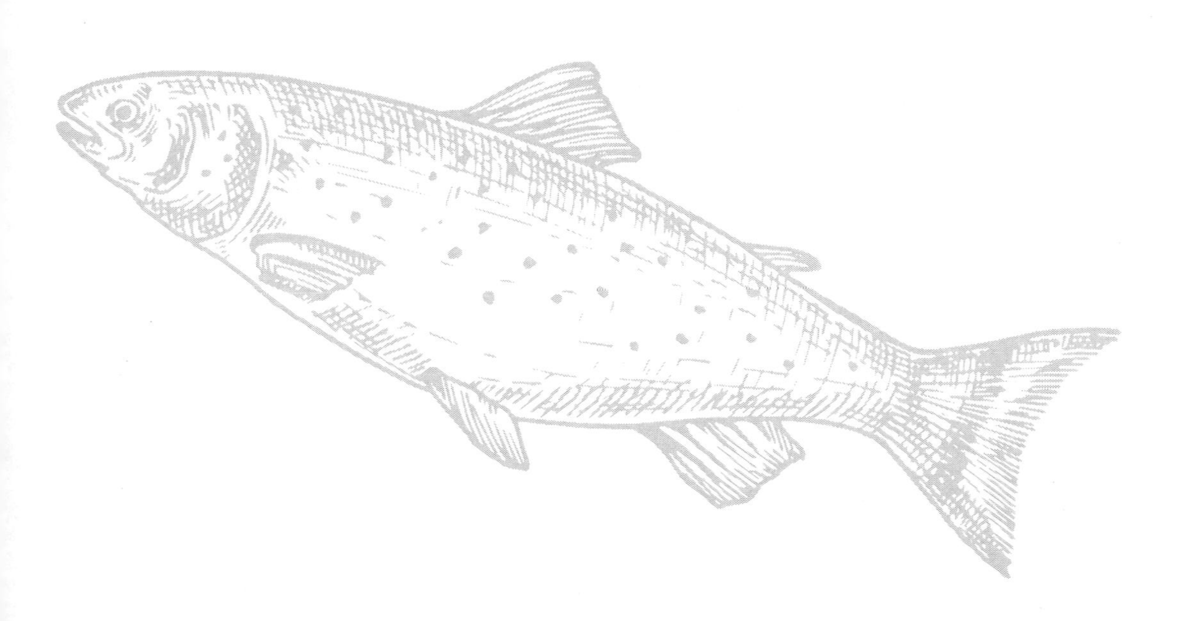

第一節　創新變革，挑戰傳統

創新往往和變革連在一起，創新就意味著打破傳統，打破傳統則是變革的結果。

我們生活在一個科技飛速發展、經濟突飛猛進的變革時代。全球化經濟、資訊化、開放化和國際化的浪潮一波一波向我們湧來。今天，任何一個國家，一個團隊，一個企業，要想固守傳統，按部就班生存下去，都是不可想像的事。要想進步，要朝氣蓬勃發展，就必須要變革。只有衝破舊的外殼，才能開創新的天地，才能有光輝的未來。所以說，變革是通向光輝未來的必由之路！

變革從字面意思上看是因情境的不同而改變。在管理中，變革論即是指透過分析而確定在特定的環境下，哪些管理理論和方法是最合適的？主張變革的管理者認為，在管理中並不存在一種適應任何情形的最好的方法。比如，寬鬆的管理並不一定比嚴格的管理效果好，分權也不一定比集權好，專業化經營並不總是比多樣化經營好等等。管理具有多變性，在某種情境中採用一種管理方法能取得較好的效果，而在另一種情境中這種方法就未必有效，而採用與此相反的方法可能會更有效果。因此，管理變革就是在變化著的條件下和特殊的環境中，如何實現有效的管理的思考和方法。

在管理工作中，根據不同的管理環境和管理對象，而適宜的選擇和採取不同的管理手段和方式，這是確保管理工作高效率的重要指導性原則。

在管理過程中，要保證管理工作的高效率。在環境條件、管理對象和管理目標三者發生變化時，施加影響和作用的種類和程度也應該有所變化，即管理手段和方式也應該發生變化，這就是權變。在管理對象和管理目標保持不變、環境條件發生變化的情況下，原有環境條件下的管理手段和方式已不適應於新的環境條件，這與高效率的管理所要求的「管理手段和方式應與環境條件相適應」的原則相背，因而，管理手段和方式也應該發生改變。

在管理目標和環境條件保持不變、管理對象發生變化的情況下，施加影響和作用的接受者已經發生了變化，這種影響和作用就很難達到預定的管理目標。因而，為達到原來高效率的管理目標，管理方式和手段應隨著管理對象的不同而發生變化。

在管理對象和環境條件保持不變、管理目標發生變化的情況下，施加不變的影響和作用只可能達到原來的管理目標，要使管理目標發生變化，施加的影響和作用也應發生變化，即管理手段和方式應隨管理目標的變化而變化。

在平常的各種管理中，管理目標一般不會發生太大的變化，仍須以和諧作為管理的目標。但環境條件和管理對象，卻因自身條件和外部條件的不同而具有非常大的差異性。工廠管理與商店管理、跨國公司的管理與生產作坊的管理、高級人才的管理和簡單工作工人的管理等等，顯然都具有很大的差異性，因而展現在管理方式和手段上也就有著很大的不同。權變原則就是相應於管理對象和環境條件的不同，而在管理手段和方式上所作的變化。變革最通俗的含義是隨機應變。

變革也可理解為：沒有放之四海而皆準的管理方法，即沒有永遠最優秀的管理方法。任何優秀的管理方法和技巧總是相應於特定的管理對象和外部環境條件。當管理對象和環境條件發生改變時，最優秀的管理方法也應相應的做出改變。

在此企業團隊最有效的管理方法在其他企業團隊不一定最有效，在此部門最有效的管理方法在其他部門不一定最有效，在此時期最有效的管理方法在未來的其他時期也不一定最有效，在此國最有效的管理方法在其他國也不一定最有效。管理方法的有效性總是與特定的管理對象和環境條件相關聯的。

變革的目的是追求和諧完美。

遵循變革原則所做出的管理方式和手段上的變化，其目的是使管理工作更有成效。

管理工作的成效是用和諧的程度來衡量的，高效率的管理工作必須有著更高程度的和諧。管理者和企業部門員工之間有著更密切的配合，各自對工作成果也非常滿意。

變革是指管理手段和方式依據管理對象和環境條件的不同所作的變化，那麼，這種變化是以什麼方式進行的呢？

我們在這裡可以將管理對象和環境條件統稱為管理環境。

變革的方式有兩種：管理者適應管理環境，管理環境適應管理者，和諧便是在這種方式下進行的。

管理者適應管理環境，是指在管理環境既定的情況下，管理者根據此管理環境的要求採用合適的管理方法。這種權變方式是我們通常所採用的，而且是應加以提倡的方式。如新上任的總經理儘管不習慣於民主式的管理方式，但迫於管理環境的要求，而不得不改掉自己過去獨裁領導的習慣，尊重下屬的意見和要求，激發員工參加民主管理的積極性。

管理環境適應管理者，是指在管理者既定的情況下，管理的手段和方式已基本固定，管理環境尤其是管理對象改變自己的期望和要求，使自己適合於現存管理手段和方式的需要。如某公司新換了一名總經理，此總經理的管理方式完全不同於前任總經理，他以一種獨特的權威主義嚴格的加強企業的管理，強調上下級分明，下級絕對服從上級的硬派作風。在這種情況下，原來習慣於民主和諧氣氛的各級管理人員和企業部門員工，也不得不遵從現行的企業管理規範來展開自己的工作。這種權變的方式就是管理環境適合於管理者的方式。管理環境適合於管理者的方式，通常是管理者透過說服或指令管理對象，使管理對象的態度發生轉變，從而使管理方式有效的一種權變方式。因為這種說服和指令也是管理者主動進行的，我們仍然認為是管理者遵循著權變原則的結果。這一結果產生的過程就是變革的方式。

在大多數情況下，企業組織管理中的變革方式是管理者適合於管理環境和管理環境適合於管理者兩種方式的結合，但管理者適合於管理環境易於實行，因而是應該大力提倡的一種方式；在企業員工素養較高時，管理環境適合於管理者也能順利執行。

變革的原則是要求管理者和管理對象相互做出調整，以使管理效率達到最大化。對於一個管理者而言，努力使自己適應管理環境的要求，有利於管理中變革原則的遵循，也有利於管理工作的高效率進行。

(1) 變革是當今時代發展的主流

因為變革帶來更新，它重塑組織，挽救企業，創建工廠，改變工作的性質，為進步的引擎加助燃料。為了不斷發展，管理者應當始終堅持不斷變革。在變革中，找到一些行之有效的管理原則。因此，實效的變革原則是：

變革管理就是展望公司大致的未來目標，並制定達到目標的措施。如果環境條件是穩定的和可預見的，那就很好辦。但是，大多數高度競爭環境的變化是充滿了不連續性和出乎意料的。因此，對於一位執行長來說，採取「爬上一座山，看兩眼，便帶幾塊石頭返回」的策略，簡直於事無補。現實世界中，恰恰存在高度的易變性，沒有持久的穩定優勢。更為重要的是，所需要制定的綱要，應當是當機會出現時能夠靈活的部署力量，並能在任何條件下進行競爭的那種。

(2) 良好的管理變革是建立在良好的詳細分析基礎之上的

很多管理變革專家想預先將他們的美好設想形成方案，但「缺乏分析」的危險是存在的。世界著名企業的執行長一般認為 80:20 的規律可應用於大多數情況，就是說，激進變革活動 80%的利益得自於 20%的分析。變革活動越來越須響應縮短時間的需要，強而有力的措施是抵禦習慣勢力的良好措施。

首先確定管理策略，然後將管理文化與激進變革緊密結合在一起。理智的講，這或許是一個非常好的主意。但需要注意的是，管理策略一般要持續執行一到三年的週期，但變革管理價值觀念和文化要花五到十五年。它有可能被重大措施所縮短，如高層員工有三分之二的人被解僱，這在大多數情況下會造成太大的破壞。

(1) 如果沒有給員工帶來任何利益，他們會抵制變革

變革活動不考慮員工情緒，忽視員工的痛苦和既得利益，一意孤行，就註定要失敗。事實上，許多變革的領導者已經學會了尊重員工們，並使他們能夠理解所發生的變革，即使是當他們不能從變革中受益時，他們也會理解。激進變革活動能否被大家所接受，取決於公司中面臨這個事實的每一個人，都能以坦蕩的胸懷對待變革，無論得到的是好消息還是壞消息。

(2) 實施積極的變革，必須贏得下屬和員工的擁護

領導者必須透過廣泛的評估程式、分組重點討論、發送簡報等方式贏得員工們的衷心擁護。這也是一個理想化的目標，是傷財費時的。廣為接受的觀點是:進行激進的變革需要形成共識，但這是極少能夠達到的。在實踐中，領導者需要走特別長的路，才能贏得公司中擔任最受人尊重職務的五分之一的人的支援，在企業組織中，包括董事們、工會領導人、專業領導人和帶來了大量收入的「造雨者」，這些都是代表組織未來的人物。

人最重要的創造力是能帶頭，而不是人家帶了頭，你在後面走。

第二節　沒有風險就不會有成功

不管做什麼事，都會有風險。然而，風險既含有危險的一面，又隱含機會的一面。跨越風險便是坦途，機會就赫然呈現在你的面前。

大凡成功的領導者總是既能清醒的躲避風險，又常常知難而進，善於做出常人不敢做出的選擇，善於從風險中尋找發展的機會。

美國成功學家金克拉說：「我所見過的成功領導者中，幾乎所有的人都有一個共同的特點，即是不怕承擔失敗的風險。每一種嘗試都要承擔失敗的風險，否則你要怎麼辦呢？一事不做，一事無成，默默以終？如果你真的什麼都不做，確實可以避免失敗，可是你同時也跟成功絕緣了。生命中，也許承重的事物或多或少都要承擔一些風險，如果你不嘗試的話，就做不到也得不到。不要害怕去為自己的夢想奮鬥，正如維爾 · 羅傑斯曾經說過的：『有時候你總得探頭到枝頭上，因為那才是結果的地方。』」

沒有任何一個創業者會說他們所做的是一項極大的風險。大多數的人會告訴你，他們之所以這樣做的原因很多。當你一無所有的時候，也沒有什麼好損失的，因為你還稱不上失敗。這就是為什麼創業者可以東山再起的原因。

如果一旦成功了，習慣吃牛排的人，不會再想去吃漢堡的。為了創業，你必須願意去親身體會冒險。雖然吉姆 · 克拉克不是網景的發起人，卻是他發掘了這些擁有技術的聰明人。這是你必須做的。或者像皮克斯動畫公司的史提夫 · 賈伯，當他看到了一個產品，覺得這個點子非常不錯，然後就

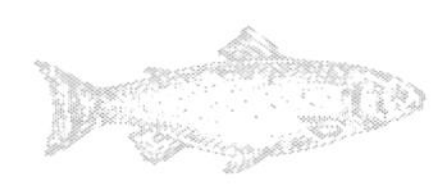

資助它。

從投資的角度來說，這也是一種風險。產品成功了，可以品嘗勝利之果;失敗了，卻得到一個經驗教訓。雖然有失敗的可能，但你若害怕失敗而不敢投資，那就永遠不會有品嘗勝利之果的機會。

事實上，風險與成功從來都是並存的。考察、實驗和創新都隱含著風險，也正是人類發展臻於成功境界的第一推進力。

但在現實生活之中，很多領導者為求得所謂的穩定，總在按老方法辦事，或盡量躲避風險，比如政府官員們往往強調降低各項事務的風險率，他們這樣做的結果必然使得社會越發趨於窒息。

當然，意圖將風險率降至零指數的政策勢必與現實相牴觸。它的結果是必然枯竭創造力，杜絕創新並使社會停滯不前。

總之，如果不冒險，那你什麼事都不用做。作為領導者，要是想讓人人都滿意，那最好是退出賽場，待在家裡，鑽到被子裡看看漫畫、雜誌好了。領導者的關鍵之處，就是不能遇到壓力就低頭，否則，肯定一事無成。那樣雖然可以大大減輕工作重擔，但是能有什麼建樹呢？

成功的領導者，無不具有宏圖大略。他們勃勃的雄心在沒有實現之前，在普通人看來是一個不可企及的夢想，是一般人在做白日夢時都不會出現的海市蜃樓。

很難講這些「夢想」在很大程度上是建立在理性分析之上，但是命運往往垂青那些勇於「做夢」的領導者。因為如果連「夢」都不敢做，更談不上激發創造的火花，冒險嘗試，獲得驚人的成功。縱觀美國商界，沒有哪位發家的大亨不具野心，沒有哪個是因偶然的運氣暴富。他們的光榮就築於夢想之上，越來越大的夢想化作滾雪球般增大的財富。

這類「夢想」進取型成功人士的典型代表則是世界旅店大王希爾頓，他說：「我所說的夢想和空想是截然不同的。空想是白日做夢，永遠難以實現。也不是人們所說神的啟示，我所說的夢想是指人人可及，以熱誠、精力、期望作為後盾，一種具有想像力的思考。」

希爾頓認為，完成大事業的先導是夢想，並配合以禱告、工作，否則禱告就失去了意義。這二者好像是夢想的手和足一樣。或許，偶爾有些運氣的成分存在，不過，如果沒有一份完美的宏偉藍圖，不敢將夢想付諸實踐，一切都是白費。

一切都是白費！記住這六個字的結果。為什麼許多人工作十幾年甚至幾十年，忙忙碌碌卻終無所成呢？因為他們沒有夢想，一切都是機械、被動的去做，像上了發條的機器，他們儘管兢兢業業的工作，一絲不苟，但最終還是為他人做嫁衣。

有作為的領導者不僅勇於闖蕩四海，孜孜尋「夢」，而且在經營過程中勇於做「瘋子」：做出超乎常人的「瘋狂」決策，「瘋狂」堅持自己的目標，堅定按自己的夢想去做，並不斷從一次又一次的失敗當中汲取教訓，進一步完善和發展自己的管理和經營方法，改進技術，百折不撓，最終得到「成功」的回報。

具有現代思維和進取意識的領導者，都應該知難而進、銳意進攻、膽識超人，勇於將夢想付之於實踐。只有這樣的領導者，才能最終取得事業上的真正成功。

> 沒有風險，就不會有成功的喜悅與驕傲。在激烈的市場競爭當中，作為企業的領導者時時刻刻面對著危險，想逃避都不可能。只有敢冒風險，才會給企業帶來長久的生命力，並且使自己作為一個領導者的生命更加輝煌。

第三節　運籌帷幄，經營未來

一名成功的領導者，必須具備下面十種重要的素養：

(1) 具有靈活性；

(2) 不怕冒風險；

(3) 有敏銳的經營頭腦；

(4) 具有遠見卓識；

(5) 能看清捉摸不定的形勢；

(6) 策略靈活；

(7) 重視消費者；

(8) 善於交流；

(9) 善於鼓勵；

(10) 不斷學習。

假如主管要帶領前往我們從來沒有去過的地方，不管是哪一種下屬，都會渴望主管具有方向感。在領導活動中，主管的這種預見未來的能力確實會顯得非常重要。唯有具備展望遠景和預見未來的能力，才能稱得上出色的領導者。

管理活動的實踐告訴我們，下屬通常希望主管能「向前看」，擁有「長遠的眼光或方向」。不過，雖然有長遠的眼光是必要的，但策略學者加里 · 哈默爾（Gary Hamel）及普哈拉（Prahalad）卻觀察到，只有不到3%的資深經理人，會將精力花在建構未來上，這正是許多領導者失敗的重要原因。

領導者應該有為自己設定目標、開發預見未來三五年甚至更長一些時間的能力。此外，領導者還必須為經營未來及時提早採取行動。

怎樣才能具有遠見卓識，培養自己預見未來的能力呢？下面這些提示你不妨試一試：

(1) 直覺未來

直覺是遠景的不絕源泉。事實上，就定義來看，直覺和遠景有直接的關係。而正如遠景一樣，直覺是一個「看」的字眼：也就是我們有能力去描繪圖像及想像。成功的領導者，通常會說他們的直覺一直都在主導著重要的決策。

(2) 大膽計畫

我們在研究中發現，具有遠見卓識能預見未來的主管常採用大膽計畫，作為推動進步的有效方法。任何一個健康的組織都有目標。

的確，在現實生活中，我們往往是先去看過去的事，然後才去建構未來的。同時，隨著回憶起過去的經驗，我們也豐富了未來，讓未來更詳細、更具體。

領導者不能夠把握未來的發展趨勢，便很難在不斷變化發展的社會形勢中把握正確的航向。

許多曾經顯赫一時，聲勢浩大的公司之所以很快銷聲匿跡，無不與其主管缺乏遠見有關。因此，領導者必須學會能從周圍所發生的模模糊糊的事件中探尋其涵義，並能從其紛擾的形勢中發現行之有效的方法，以此推動自己的組織踏上動盪但卻朝氣蓬勃、充滿生機的未來之路。的確，這對領導者來說是一種挑戰。人們從大量的研究中還發現，能夠為未來做好準備的領導者，是那些了解自己過去的人。在你為未來做出遠景之前，我們建議你先回顧一下自己過去的輝煌紀錄。人們尤其喜歡由賀伯 · 胥帕德和傑克 · 哈雷所設計的「生命線」練習。以下是這個簡化的練習版本：

① 把你的生命線畫成曲線圖，畫出幾個你生命中的巔峰和低谷。盡你

所能，從記得起來的從前開始畫，一直畫到目前為止。

② 每個巔峰旁邊，寫下足以代表你生命巔峰的幾個字，在低谷旁邊也同樣照做。

③ 現在回頭想想每個巔峰，記下你之所以認為它是你生命巔峰的重要原因。

④ 分析這些重點。看看這些生命巔峰，透露出什麼主題與模態？透露出什麼樣的個人經歷？這些主題和模態透露出什麼樣的資訊，使得你個人在未來不得不加以重視？

透過這項練習會發現，這個練習很清楚也很實用，它可以幫助我們弄清未來的遠景，並做好準備。

領導者還要經常問一問自己，你想要得到什麼？把你想要得到的在開頭寫上「我想要成就什麼事？」，一條條列出來。針對每一項，捫心自問：「我怎樣才能實現它？」要一直不斷問自己，直到找到答案為止。藉著這個練習，可刺激你弄清遠景：

- 我需要什麼樣的未來？
- 我如何改變自己或公司？
- 生命中有什麼任務令我產生激情？
- 我對工作有何夢想？
- 我對公司、代理商或客戶，具有什麼樣的特殊角色或技術？
- 我最強烈的熱情是什麼？
- 什麼樣的工作令我覺得快樂而著迷？假如十年後我依舊全神貫注，會發生什麼事？
- 我理想中的公司，應該是什麼模樣？

其實，我們在現實中無法達到希望的水準是因為我們不認為我們可能做到。為什麼不能？我們只不過沒有去期待或想像罷了。

心理學家指出：想像會激發出期待的心理，如果你曾經想像你未來有著新的人生，你的信念和欲望將會表現在生活態度上。

事實上，你對未來做好了準備，並與你生活的態度一致，你未來的成功人生就能依照你預期的計畫進行，並塑造成你想像的人生。

未來的變化是不可避免的。這對今天的領導者們而言，他們必須要有洞察未來的睿智，要有長遠目光，著眼於長遠利益，而不是只顧眼前。

一些公司的主管感到領導變革的風險太大，他們學會了透過對企業部門進行調整，使企業沿著他人開出的道路前進。這樣，他們也能僥倖避免可能會招致滅亡的挑戰和不確定性。但是，這些公司的領導人只是追隨者。雖然他們好好跟著，企業也許就會生存下去，但是，他們永遠無法掌握自己的命運。

具有長遠目光的領導者們是絕不甘於步人後塵的。他們所想的是創造自己的前途，和預測未來可能的發展方向，而毫不猶豫的開始在新的征途上披荊斬棘。這樣的主管經常鼓勵他的員工對傳統思維進行挑戰，盡可能改變本企業組織，以取得持續不斷的創新和進步。這些主管考慮的不僅僅是生存，他們更多規劃的是如何發展，並以未來為導向領導潮流。它們是規則的制定者，其他公司則是跟從者。

顯然，多思考未來，並以長遠利益為出發點，才能看清方向，把握商機。企業家能否引領企業勝利遠航，關鍵在於其是否能夠把握市場發展趨勢，看清前進方向，超前對商場變化的走勢、進程和結果做出正確的判斷，從而趨利避害，搶占商機，掌握競爭的主動權。而要做到這一點，領導者們就要不斷經營未來，練就策略眼光，善於高瞻遠矚，審時度勢，從而「運籌帷幄之中，決勝市場之上」。李嘉誠先生正是由於習慣以未來為導向，才在經營中如有神助，屢創奇蹟。

以未來為導向的領導者，才能著眼長遠，樹立品牌。事實證明，如果一個領導者目光短淺，急功近利，那麼他往往自覺不自覺的會「撈一把」，這樣就必然缺少應有的信用意識和品牌觀念，他所領導的團隊也就不可能獲得長遠發展。現在很多企業團隊為什麼活不好、長不大、命不長，一個非常重要的原因就是企業領導者缺少著眼未來的長遠經營意識，常常為了眼前的蠅頭小利，損害企業的信譽。而著眼未來的企業家，他們的著眼點不是一時一地的得失，而在於企業的長遠發展，因而往往把誠信作為經商之本，努力打造百年品牌。

的確，面對不斷變化的市場，必須經常思考未來、經營未來，以未來為導向把焦點對準。只有這樣，你才能成為市場競爭的大贏家。

> 領導者再也不能把自己的思維定格於怎樣創造性的有效整合組織內資源，而要把它置於全球經濟發展格局中去思考，以世界性的策略眼光經營未來，才能立於永遠不敗之地。

第四節　決策創新

沒有決策，就沒有行動，當然也不會產生任何效果。但是，沒有正確的決策，則會導致無效的或者是錯誤的行動，最後也只會徒勞無益。決策要正確，決策需要創新。

公司內部的決策創新可以從不同的角度去考察，從而形成不同的創新類型。

（1）　從創新與環境的關係來分析，可分為消極防禦型創新與積極攻擊型創新。防禦型創新是指企業部門在內部展開的局部或全域性調整；攻擊型創新是企業敏銳預測到未來環境可能提供的某種有利機會，從而主動調整企業的策略和技術，以積極開發和利用這種機會，謀求企業的發展。

(2) 從創新發生的時期來看，可分為企業初建期的創新和運行中的創新。企業的組建本身就是社會的一項創新活動。企業的創建者在一張白紙上繪製企業的目標、結構、運行規劃等藍圖，這本身就要求有創新的思維和意識：創造一個全然不同於現有社會（經濟組織）的新企業，尋找最滿意的方案，取得最優秀的成果，並以最合理方式組合，使企業進行活動。但是「創業難，守業更難」，在動盪的環境中「守業」，必然要求積極以攻為守，要求不斷創新。創新活動更大量存在於企業組建完畢開始運轉以後。企業的管理者要不斷在企業運行的過程中尋找、發現和利用新的創業機會，更新企業的活動內容，調整企業的結構，擴展企業的規模。

(3) 從創新的規模以及創新對企業的影響程度來考察，可分為局部創新和整體創新。局部創新是指在企業性質和目標不變的前提下，企業活動的某些內容、某些要素的性質或其相互組合的方式、企業的社會貢獻的形式或方式等發生變動；整體創新則往往改變企業的目標和使命，涉及企業的目標和運行方式，影響企業的社會貢獻的性質。

企業部門決策創新涉及很多方面，貫徹滲透到每一項工作。創新內容概括起來，主要有以下幾個方面：

(1) 制度創新決策

制度創新決策是指引起系統中各成員間正式關係的調整和變革的決

策。它主要包括產權制度創新、經營制度創新和管理制度創新等三個方面的內容。

① 產權制度創新

產權制度是決定企業部門其他制度的根本性制度，它規定著企業最重要的生產要素的所有者對企業的權利、利益和責任。不同的時期，企業各種生產要素的相對重要性是不一樣的。在主流經濟學的分析中，生產資料是企業生產的首要因素，因此，產權制度主要指企業生產資料的所有制。目前存在的相互對立的兩大生產資料所有制 —— 私有制和公有制（或更準確的說是社會成員共同所有的「公有制」） —— 在實踐中都不是純粹的。私有制正越來越多滲入「公有」的成分，被「效率問題」所困擾的公有制則正或多或少添進「個人所有」的因素。企業產權制度的創新決策應朝向尋求生產資料的社會成員「個人所有」與「共同所有」的最適度組合的方向發展。

② 經營制度創新

經營制度是關於經營權的歸屬及其行使條件、範圍、限制等方面的原則規定。它顯示企業的經營方式，確定誰是經營者，誰來組織企業生產資料的占有權、使用權和處置權的行使，誰來確定企業的生產方向、生產內容、生產形式，誰來保證企業生產資料的完整性及其增值，誰來向企業生產資料的所有者負責以及負何種責任。經營制度的創新決策方向應是不斷尋求企業生產資料最有效利用的方式。

③ 管理制度創新

管理制度是行使經營權、組織企業日常經營的各種具體規則的總稱，包括對材料、設備、人員及資金等各種要素的取得和使用的規定。在管理制度的眾多內容中，分配制度是最重要的內容之一。分配制度涉及到如何正確衡量成員對公司的貢獻，並在此基礎上如何提供足以維持這種貢獻的報酬。由於工作者是企業諸多要素的利用效率的決定性因素，因此，提供合理的報酬以激發工作者的工作熱情對企業的經營有著非常重要的意義。分配制度的創新決策在於不斷追求和實現報酬與貢獻的更高層次上的平衡。

產權制度、經營制度、管理制度這三者之間的關係是錯綜複雜的（實踐中相鄰的兩種制度之間的劃分甚至很難界定）。一般來說，一定的產權制度決定了相應的經營制度。但是，在產權制度不變的情況下，企業具體的經營方式可以不斷進行調整；同樣，在經營制度不變時，具體的管理規則和方法也可以不斷改進。而管理制度的改進一旦發展到一定程度，則會要求經營制度作相應的調整;經營制度的不斷調整，則必然會引起產權制度的革命。因此，反過來，管理制度的變化會反作用於經營制度；經營制度的變化會反作用於產權制度。

企業制度創新決策的方向是不斷調整和優化企業所有者、經營者、工作者三者之間的關係，從而使各方面的權力和利益得到充分的展現，使部門中各成員的作用得到充分的發揮。

(2) 目標創新決策

企業是在一定的經濟環境中從事經營活動的，特定的環境要求企業按照特定的方式提供特定的產品。一旦環境發生變化，就要求企業的生產方向、經營目標以及企業在生產過程中同其他社會經濟的關係進行相應的調整。因此，在新的經濟背景中，企業的目標必須調整為「透過滿足社會需要來獲得利潤」。至於企業在各個時期的具體的經營目標，則更需要適時根據市場環境和消費需求的特點及變化趨勢加以調整，每一次調整都是一種創新決策。

(3) 組織機構和結構的創新決策

企業組織系統是由不同的成員擔任的不同職務和職位的結合體。這個結合體可以從結構和機構這兩個不同層次去考察。所謂機構是指企業在構建組織時，根據一定的標準，將那些類似的或為實現同一目標有密切關係的職務或職位歸併到一起，形成不同的管理部門。它主要涉及管理工作的橫向分工的問題，即把對企業生產經營業務的管理活動分成不同部門的任務。結構則與各管理部門之間，特別與不同層次的管理部門之間的關係有關，它主要涉及管理工作的縱向分工問題，即所謂的集權和分權問題。不同的機構設置，要求不同的結構形式；組織機構完全相同，但機構之間的關係不一樣，也會形成不同的結構形式。由於機構設置和結構的形成受到企業活動的內容、特點、規模、環境等因素的影響，因此，不同的企業有不同的組織形式。同一企業，在不同的時期，隨著經營活動的變化，也要求組織機構和結構不斷調整。企業創新決策的目的在於更合理的激發組織管理人員的積極性，提高管理工作的效率。

(4) 技術創新決策

現代工業企業組織的一個主要特點是在生產過程中廣泛運用科學技術。技術水準是反映企業經營實力的一個重要標誌。企業要在激烈的市場競爭中處於主動地位，就必須順應甚至引導社會技術進步，不斷進行技術創新決策。企業的技術創新決策主要表現在以下三方面：

① 要素創新決策

參與企業組織生產過程的要素主要有材料、設備和企業員工，因此要素創新決策主要包括材料創新、設備創新和人事創新三方面的決策。

材料創新決策主要包括開闢新的材料來源決策，以保證企業組織擴大再生產的需要；開發和利用大量廉價普通材料的決策，以代替稀少昂貴的緊缺材料，降低產品的生產成本；改造材料的品質和性能的決策，以保證和促進產品品質的提高。

設備創新決策主要包括利用新設備的決策，以減少手工工作的比重，提高企業組織生產過程的機械化和自動化程度；將先進的科技成果用於改造和革新原有設備的決策，延長技術壽命，提高效能;設備更新決策，以更先進、更經濟的設備來取代陳舊的、過時的老設備，使企業生產建立在先進的物質技術基礎上。

人事創新決策包括招收新工人和新技術人員、幹部的招聘與錄取決策，以及現有成員的培訓教育決策。

② 要素組合方法的創新決策

要素的組合包括生產工藝和生產過程的時空組織兩個方面。工藝創新決策，既要根據新設備的要求，改變原材料、半成品的加工方法，也要在不改變現有設備的前提下，不斷研究和改進操作技術和生產方法，以求使現有設備得到更充分的利用，使現有材料得到更合理的加工。

生產過程的組織創新決策，包括設備、工藝裝備、在製品以及工作者在空間上的安排和時間上的組織。企業組織應不斷研究和採用更合理的空間安排和時間組合方式，以提高工作生產率，縮短生產週期，從而在不增加要素投入的前提下，提高要素的利用效率。

③ 物質產品創新決策

物質產品創新決策主要包括品種和產品結構的創新。品種創新決策要求企業根據市場需要的變化，根據消費者偏好的轉移，及時調整企業的生產方向和生產結構，不斷開發出使用者歡迎的適銷對路的產品。產品結構的創新決策，在於不改變原有品種的基本性能，對現在生產的各種產品進行改進和改造，找出更加合理的產品結構，使其生產成本更低、性能更完善、使用更安全，從而更具市場競爭力。

> 只有懂得決策創新的經理人，才能演好自己的角色，完成自己的任務，實現自己的使命。

第五節　打造企業內在競爭力

我們正處在一個充滿競爭的時代，管理者必須重新界定自己和企業的地位。無論你的企業是獲利的或非獲利的，都必須面對高利潤企業的高效率競爭，若不及時反省管理原則，隨時都有可能慘遭淘汰。

管理者應向部屬說明企業競爭力的重要性。強而有力的競爭，可以促使員工發揮高效能的作用。因此，在對下屬的管理中，引入競爭的機制，讓每個人都有競爭的意念並能投入到競爭之中，組織的活力就永遠不會衰竭。

心理科學實驗顯示，競爭可以增加一個人50%或更多的創造力。每個人都有上進心、自尊心，恥於落後。競爭是刺激他們上進的最有效的方法，自然也是激勵員工的最佳手段。沒有競爭，就沒有活力、沒有壓力，組織也好、個人也好，都不能發揮出全部的潛能。

每一個管理者都應該十分明瞭：

無論在什麼樣的條件下，員工之間是一定會存在競爭的，但競爭分為良性競爭和惡性競爭，管理者的職責就是要遏制員工之間的惡性競爭，並在遇到員工之間進行惡性競爭時，積極引導他們參與到有益的良性競爭中。

人都是有對於美好事物的羨慕之情的，這種羨慕之情源於對別人擁有而自己沒有的東西的嚮往。

關係親密的人之間，這種羨慕之情尤為顯著；這種情感有時因為某種關係的確定而消失，比如說戀人之間一旦確定了婚姻關係，對方的長處就被另一方共同擁有，所以這種羨慕之情就會消失。

而有些關係親密的人的角色卻不能轉換，比如說同事之間，大家低頭不見抬頭見，工作上又相互較勁，但是別人的長處是不會和我分享的，這樣羨慕之情會長久存在。

羨慕之情會隨著心態的調整而隨之變化。有的人羨慕別人的長處，鞭策自己，就想著自己也要刻苦努力，學習到別人的長處，大家在能力、技術上達到一致。

這種人會把羨慕渴求的心理轉化為學習工作的動力，透過與同事的競賽來消除能力的鴻溝，這種行為引發的競爭就是良性競爭。

良性競爭對於公司是有益處的，它能促進員工之間形成你追我趕的學習、工作氣氛，大家都在積極思考如何提高自己的能力；如何掌握新技能；如何取得更大的成績……這樣一來，公司的整體工作能力就會極大提高，大家的人際關係也會更好。

但也有些人把羨慕別人的心情轉化成了陰暗的嫉妒心理，他們想著的是如何設下圈套讓別人踏進去，如何誣衊能人，弄臭他們的名聲，如何讓同事無法如期完成更多的任務……他們的辦法，就是透過拖先進者的後腿，來讓大家都扯平，以掩飾自己的無能。

這種行為會導致公司內部的惡性競爭。它會使公司內人心惶惶，員工相互之間戒心強烈，大家都提高警惕防止被別人算計。

這樣一來，員工的大部分精力和心思都用在處理人際關係上去了，管理者也會被如潮湧來的相互揭發、投訴和抱怨糾纏得喘不過氣來。公司的業績自然會下降。

在這樣的公司裡，大家相互拆臺，工作不能順利完成，誰也不敢犯錯。人人都活得很累，但是公司的業績卻平平。

如果你是一名主管，平日一定要關心員工的心理變化，在公司內部採取措施，防止惡性競爭，積極引導手下的員工參與到有益的良性競爭中來。

一般說來，引導員工進行良性競爭有以下幾種技巧：

(1)　要有一套正確的業績評估機制。要多從實際業績著眼評價員工的能力，不能簡單的根據其他員工的意見或者是主管自己的好惡來評價員工的業績。總之，評判的標準要盡量客觀，少用主觀標準。

(2)　要在公司內部創造出一套公開的溝通體系。要讓大家多接觸，多交流，有話擺在明處講，有意見當面提。

(3)　不能鼓勵員工做告密、揭發等小動作，不能讓員工相互之間進行監督，不能聽信個別人的一面之詞。

(4)　要堅決懲罰那些為謀私利而不惜攻擊同事，破壞公司正常工作的員工，要清除那些害群之馬，只有這樣整個公司才會安寧。

總之，主管是一個公司的核心和模範，他的所作所為對於這一公司的風氣形成起著至關重要的作用。

管理者必須從制度上和實踐上兩方面入手，遏制員工的惡性競爭，積極引導員工進行良性競爭，讓大家同心協力，公司的工作才能越做越好。

> 許多企業辦事效率不高、效益低下，員工不求進取、懶散鬆懈，從根本上說，是缺乏競爭的結果。因此，要千方百計將競爭機制引入企業管理中。只有競爭，企業才能生存下去，員工才能士氣高昂。

第十章
玩遊戲，學管理

培訓並不是一項只供人們觀賞的工作。只有兩個人的心中都燃燒著熱情，一方迫切需要前進和發展，而另一方面渴望幫助對方實現這個奮鬥目標時，才能有效建立起一種卓有成效的培訓關係。

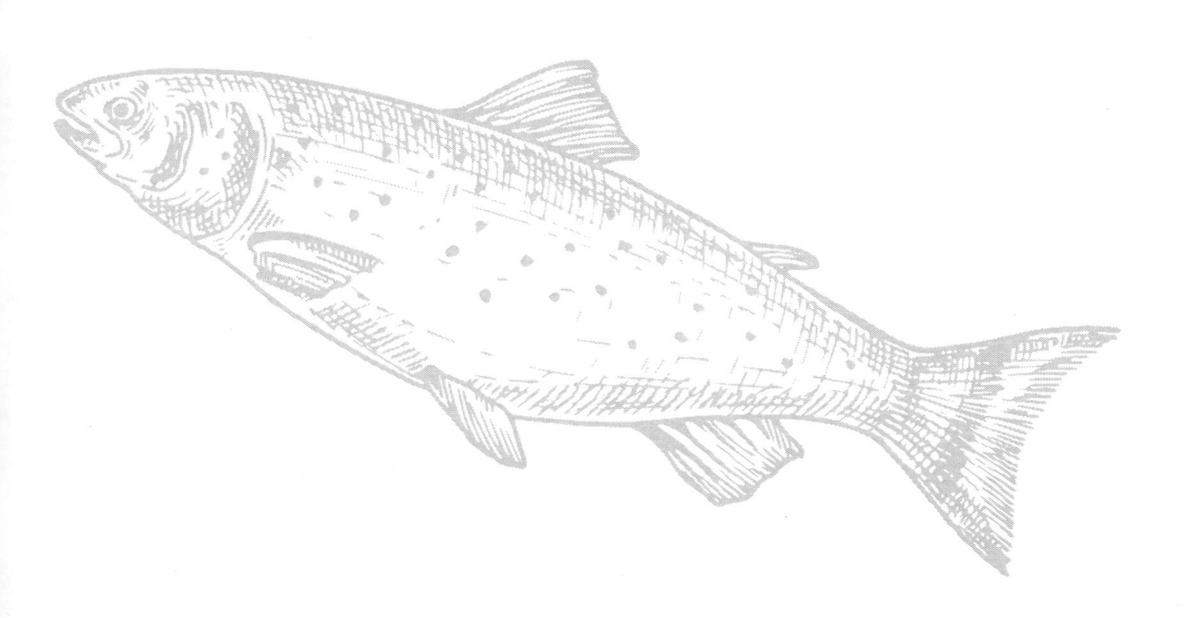

第一節　雙向交流

(1) 主題

真正受大家歡迎的管理者在他們的團隊中可以進行很好的溝通。好的溝通包括清晰的發送資訊和準確的接受資訊的兩個方面。他們應該費盡心機使別人按照他們定好的計畫來工作。他們對於即使不怎麼有價值的下級的意見，也都給予很積極的回應。甚至在面對懷有惡意的責難時，他們也不失敬意，他們會假想這個提問者至少有一些誠懇的動機。

所有這一切使他們的同事感覺他們自己是這家公司的真正主人，這是一種真正的雙向交流。（在幾乎所有直接見面情況下的交流不都是這樣的嗎？）這種輪流互動式的交流更容易讓他人接受。就個人而言，這種極有價值的方式也是被人們所認同的。另外，這種方式也可以減少管理者本人的壓力。他們不必再討論所有智慧的出處！他們這些管理者都意識到一些很重要的事情：只要他們願意挖掘，在他們的聽眾中有著大量的知識資源。那麼，他們的會議一定會因為他們的這種意識而成功。

(2) 目的

這個遊戲讓你的學生練習如何使其他人的貢獻以自然的方式表達出來。在這個過程中，他們會發現，這些貢獻經常會帶領他們進入一種新的境界(有時候還非常有趣)。

時間：三十分鐘。

材料：一塊白板或一張圖表。

開場白示例：

「一位教師讓他（她）四年級的學生列出著名的諺語，並且讓他們提供每個諺語的原始出處。下面是一些他們交上來的例子。」（注釋：選擇你自己喜歡的）。

當你把灑水車放在草坪上時，草會更綠。

一塊滾動的石頭像在演奏吉它。

沒有新聞就沒有報紙。

點一支蠟燭總比浪費電要好。

在我睜開眼之前，世界總是最黑暗的。

如果你不能忍受熱，不要點著火爐。

「吱吱」聲的車輪讓人心煩。

早睡早起，身體好。

床下沒有什麼新東西。

不要數你的小雞 —— 這需要很長時間。

你笑，世界也會隨你笑。你哭，就會有人大叫：「停止！」

如果孩子們尚且有如此多的智慧，那麼設想一下那些成年聽眾能提供給你什麼。事實上，所有人都可以有一些有趣的東西奉獻出來。這不一定總是很順利，適合正在進行的會議。

但是在通常情況下，如果我們透過表面現象看本質，就會發現一種始料不及的關係。這對你們的會議可能有不可估量的好處 —— 只要你們願意去發掘藏在岩石後的黃金。

(3) 步驟

① 讓你的學生兩人一組，做一個與學習有關的演出（例如：兩個有共同經歷的人做同一個題目）。把這寫在白板或圖表上。

② 選擇四個自願者在這些小組面前扮演角色。

③ 讓自願者們玩遊戲，讓他們玩最常見的「剪刀石頭布」的遊戲。第一

次做出同樣手勢——剪刀、布或者石頭的兩個人就成為A組，剩下兩個自願者就成為B組。

④ A組是這場戲的演員，B組是為他們提示臺詞的助手。B組挨著A組的同伴站著，他們的肩膀被拍一下時，就要把接下來的那句臺詞告訴A組。然而整個場景都是臨時準備的——沒有人知道「下一句」是什麼，因此B組要說他們認為A組人想聽到的任何臺詞。A組的工作是接受B組人給他們的任何臺詞，然後充分演好它，就像這些東西是他們自己頭腦中已有的一樣。要自願者挑戰自我，讓他們按照這個場景中最能發揮他們自己想法的方法去做。畢竟，每個人都傾向於他們自己的想法。真正的挑戰是實踐一種幾乎沒有一個演講者能真正掌握的藝術——舞臺共用！

⑤ 你自己先示範一下這種做法。透過說一些積極的事情而開始。「我非常榮幸可以有機會與你一起合作，阿爾文，你——」然後拍一下B組人的肩膀。這個人可能立即接上，「——總是與我的立場一樣。」結合著他提供的東西說出你的獨白，「——總是與我的立場一樣。事實上，我完全信任你。因此——」再次拍B組人的肩膀。他也許會說：「那麼，你認為昨天我向老闆提交的計畫怎麼樣？」立即這樣說：「那麼，你認為昨天我向老闆提交的計畫怎麼樣？告訴我實情。你知道我會非常信任你的判斷。」又一次拍B組人的肩膀：「請與我坦誠相對。」說：「請與我坦誠相對。我必須知道我做的怎麼樣……」讓你的自願者觀看你與你的同伴以這種方式交流，然後讓他們散開。

⑥ 給這些自願者五分鐘左右的時間去扮演他們即席的角色。然後，在適當的時刻（參考「玩好本遊戲的技巧」），介入並且說：「好的！女

士們先生們，讓我們聽一聽演員們在說什麼吧！」全場會給予熱烈的掌聲，請成功的自願者返回他們的座位。

(4) 討論

① 觀察A組人員：a. 朝一個特定的方向走；b. 請求B組人員說出臺詞；c. 如果為了傳達臺詞，必要時，A可以交換方向。你同樣也要觀察B組人員，試著給他們提供一些臺詞，使他們不會弄出很大的笑話，但是又最能幫他們的同伴演好這齣戲。觀看人們全神貫注的想讓自己的想法生效的過程有什麼感覺？這令人很愉快嗎？你笑了嗎？為什麼？如果他們每個人都試圖表演一齣鬧劇，與一個人的表演會有什麼不同？

② 對A組人員：你為了轉換並適應B組的場景臺詞必須要做些什麼？做這種轉換時感覺如何？怎麼才能使這個過程更容易一些？

③ 對B組人員：為A組人提供臺詞並使所有這一切做到最容易，你需要做些什麼？當A組人員用你的臺詞順利表演時，你有什麼感覺？要點：你感覺到更大程度的參與了嗎？

④ 對所有自願者：你的想法與當時場景中發生的一切要一樣，你有什麼感覺？你是否有過對這種結果失望的感覺？你是否有過又驚又喜的感覺？

⑤ 你來我往的方式會使這個遊戲變得更有趣，還是適得其反？為什麼？

(5) 總結與評估

在五分鐘左右出現一句能令大家開懷大笑的臺詞時，作為培訓師可以趁大家歡笑的時刻，及時作一些積極鼓勵的評論，給這次練習以很高的評價，這會使自願者更加有信心，好好做完這個遊戲。

提醒你的自願者，他們不應以遲鈍的、瘋狂的或古怪的方式來做這個遊戲。再者，這個遊戲的關鍵點是最公平的合作 —— 願意與其他人一起分享合作的快樂。

第二節　返老還童術

形式：團體參與。

場地：不限。

材料：事先畫好的少女老婦圖片。

時間：八分鐘。

應用：① 創新能力訓練；② 激勵員工的創新意識；③ 營造良好的團隊氛圍。

(1) 目的

說明由於觀察的角度和出發點不同，團隊中的成員往往會有不同的想法和意見。

(2) 步驟

① 詢問參會者是否相信世間真的有長生不老和返老還童的現象，參會者顯然會認為這是不可能的。

② 一臉嚴肅的告訴他們：現在，你就可以讓這個不可能的情況變為現實，並再次詢問他們是否相信。也許會有人笑起來，因為他們認為你可能是在開玩笑。

③ 出示已準備好的掛圖或幻燈片。

④ 請參會者在十秒之內判斷：這幅圖片上畫的究竟是少女還是老婦。要求大家保密自己的答案，不得與他人進行交流。

⑤ 請大家舉手表示，統計一下少女與老婦的「人氣指數」分別是多少(即各自答案的支持人數)。

⑥ 然後分別請出老婦和少女的支持代表來說明他們為什麼會選擇支持老婦或少女，他們是從什麼角度來觀察、並得出結論的。

⑦ 幽默的向大家說明：現在，你確實已經把老婦變為少女了，他們同樣也可以很快掌握這個辦法，請他們換個角度觀察，體會把老婦和少女角色互換的感覺。

(3) 討論

① 這個遊戲說明了什麼？

② 為什麼會出現兩個完全相反的答案？

③ 你將怎樣把這個啟示運用到你的工作當中去？

(4) 總結與評估

① 由於觀察的角度和背景不同，同樣一幅圖片，有人把她看成少女，有人把她看成老婦。

② 人體對資訊會有一個主觀的組織過程，因為組織所運用的方法和邏輯不同，雖然相同的資訊卻會得出不同的結論來。

③ 有的人可能以團隊為背景，有的人可能以部門為背景，有的人還可能以集團公司為背景等等。在工作中，我們應當考慮到這種不同可能帶來的差異。

④ 在一個團隊中，人們對同一問題之所以產生出不同的看法，主要是因為看問題的角度或背景不同所致。

第三節　時間管理

形式：個人完成。

場地：教室。

材料：兩個儲物桶、一些水果。

時間：九分鐘。

應用：① 了解時間管理的重要性；② 時間管理的正確方法。

(1) 目的

① 說明對時間管理的方式不同可能導致不同的結果。

② 啟發學生在工作中如何對有限的時間進行合理的分配，以取得最大的工作成績。

(2) 步驟

① 桌上有一個裝了半桶小豆子的儲物箱及一些水果。這些水果分別代表著幸福、金錢、大客戶、機遇、愛情、伴侶、旅遊、朋友、升遷機會、主要目標、名譽、良好的人際關係、成功感、生命、快樂、目標、地位、別人的認可等等。

② 請一位學生上臺，讓他把水果盡可能放入箱內，並能把蓋子蓋好。

③ 當桌上還有幾個水果時，箱子已經裝滿，使這幾個水果無法放進去。

④ 這時，我們再選用另外一種方法：先將水果全部放入箱內，再將小豆子倒入。這時，全部的水果和小豆子就都被放進了箱內。

(3) 討論

① 為什麼開始的時候我們無法把水果全部放入箱內？

② 當我們嘗試另外一種做法時，為什麼就可以把全部水果都放進去呢？這讓我們想到了什麼？

(4) 總結與評估

① 讓大家想到箱內的物品就代表了我們的時間，如果大家讓一些小事情填滿了自己的時間，那麼我們就沒有足夠的時間去做大的事情了。

② 而如果我們合理安排時間，先處理大的重要的事情，再把小的瑣碎的事情穿插其中，那麼就可以合理的利用時間了。

第四節　雙贏

形式：八人一組。

場地：不限。

材料：計分標準的掛圖或幻燈片，計分表每組一份。

時間：十五分鐘。

應用：① 團隊合作；② 談判理念的理解；③ 人際關係的溝通和衝突處理。

(1) 目的

① 使學生深刻領會雙贏的真諦和雙贏的重要作用。

② 使學生在合作中能本著雙贏的理念，達到雙贏的理想結局。

(2) 步驟

① 把學生分成兩組或四組，每組不超過八人不少於四人，每兩組進行遊戲。如分 A、B 和 C、D。

② 出示計分標準。

③ 請每組成員在充分考慮計分標準後，經過討論決定本組選擇紅或

藍，並寫在計分表上，把計分表交給導師。

④ 由導師宣布雙方的選擇結果，並根據計分標準為每一組計分，計分標準。如 A 組選擇紅，B 組選擇藍，則 A 組得負六分，B 組得六分；如 A 組選擇紅，B 組也選擇紅，各得三分。

⑤ 遊戲分十輪，在第四輪和第八輪結束時，雙方可作短暫溝通，但只有雙方都提出這種要求才行，其他時間雙方不能作任何接觸，位置保持一段空間距離。

⑥ 第九、第十輪計分加倍。

⑦ 總分為正值的小組為贏家，負分為輸家，兩者均是正值為雙贏。兩組均為負分，沒有贏家。

(3) 討論

① 計分標準有什麼特點？在確定選擇之前，你們是否充分考慮過這種特點可能帶來的結局？

② 當計分表上的計分不太理想時，你們是否考慮過其中的原因？是否想到要與另一組進行溝通？

③ 如果每個小組都想自己贏，這種結局可能實現嗎？

(4) 總結與評估

① 計分標準的規律已經限定了兩組之間的競爭結局，即只有共贏、共輸或一贏一輸三種情況，所以最理想的結局是大家雙贏。

② 如果相互間一定要爭個你死我活，或者講定合作又違背諾言，那麼結果要麼是一正一負，要麼是雙負 —— 都會存在結局為「負」的風險。

③ 儘管人們習慣於獨贏的成就感，但是這個世界上比你聰明的人有的

是，與其冒著失敗的風險去追求獨贏，不如與他人一起分享勝利。

④ 在經過兩輪遊戲後，相對的兩組已經意識到如果放棄獨贏的概念，大家合作，商定相互間的選擇，那麼大家都可以得到正值，所以有些小組會在四輪結束時馬上和對方溝通。

第五節　不要和陌生人說話

(1) 主題

善於交流、溝通的人常常有較強的表達能力和在對話中靈敏的反應能力。如何使自己與他人的對話在輕鬆的、愉快的氣氛中進行，並且使自己能從對話中得到自己想要的資訊，這是一個應該不斷提高的技巧問題。我們的對話交談過程，具備多種可能的運動狀態，因此我們想要獲得有用的材料，必須具備選擇能力和較強的控制能力。所以，本遊戲要求學生在有限的對話中獲得資訊，也就是說，讓學生在交流的多種可能進行的狀態中進行選擇。

時間：兩分鐘。

人數：不限。

材料：見發放材料。

開場白示例：

「林肯曾經說過：『假如我有八個小時砍一棵樹，我會花六個小時磨斧頭。』然而，許多人會採取不同的做法，他們只花二十分鐘磨斧頭——花十二個小時砍樹！」

「還好，我們中的大多數人永遠都不必砍樹。但是，我們卻得面臨其他的挑戰。通常，我們並不會很仔細計畫我們的解決方案。我們頭疼，就吃一片阿斯匹靈。還是頭痛，我們再吃一片阿斯匹靈。還沒有好，我們……（大家會接著說：「再吃一片阿斯匹靈。」）結果還沒好，最後我們會⋯⋯」（大多數的回答會表達一種無能為力的沮喪，如「放棄」或者「上床睡覺」。）幾乎肯定有些學生會試著表達一點幽默：

「喝一杯！」「逗逗貓！」只要不是非常不恰當的就可以，這一定會帶來笑聲的。

「大家明白了吧，最主要的問題是，我們經常按照我們首先想到的解決辦法行事。而如果問題不是立即消失，我們或者放棄，或者按上次的做法再做一次。只不過強度增加了。正如由於工作壓力引起了頭痛，我們吃阿斯匹靈一樣。事實上，我們只注意到問題的症狀，而不是它的真正原因。」

「有多少人同意，在我們著手處理問題前，最好先確定解決方法？（請大家舉手示意）好的，看來大多數同學是贊成這個觀點的。那麼請大家開始下面的這個遊戲。別忘了，將你們的觀點運用到此遊戲中。」

(2) 步驟

① 選出自願者。根據參加培訓學生的人數的適當比例選出自願者若干名。

② 將自願者平均分成兩個小組。將發放材料交給其中一個小組甲。小組甲中的每一位成員每人一份，內容不盡相同。

③ 給小組甲的成員一分鐘的準備時間，然後讓其上場。

④ 從小組乙中任意邀請一名學生與甲組的上場學生搭檔。

⑤ 由乙組的成員開始詢問甲組成員十個問題，最後由乙組成員猜出分配給甲組成員的角色。注意：乙組成員不能直接提出要問的問題。不能直接出現如：「職業」、「你是做什麼工作的」、「你在哪裡工作」等問題。小組甲的成員要盡量避免不讓乙組成員猜出自己的身分，但在小組乙沒有違反規定的條件下，必須如實回答乙組成員的問題。

⑥ 遊戲進行兩分鐘叫停。無論上場學生是否已經問完了十個問題，都必須猜出其扮演的角色。也就是說，學生在問話過程中思考的時間不能過長。

(3) 討論

① 對場上學生的表現有什麼建議和看法？
② 小組乙的成員在詢問時，遵循什麼樣的思考模式？什麼樣的對話更加有利於我們揣測對方的心理？
③ 當你在做遊戲過程中逐漸看到答案時，你的心裡有什麼想法？
④ 這個遊戲是怎樣影響或者改變你對解決問題方法的看法？你得出什麼樣的結論呢？
⑤ 向乙組成員：為了查清楚對方的「真實身分」，你預先設計了什麼方案或者有那幾個步驟？
⑥ 問甲組成員：為了阻止你的對手找到答案，你有沒有設想對策呢？有效嗎？

(4) 總結與評估

為了保證遊戲的順利進行，給上場學生思考的時間不能過長。你的任務只是控制時間，啟動計時器，計時到點時，叫停。

保持培訓師中立的身分，不要「越俎代庖」，讓自己參加到詢問之中。在一對組員結束詢問時，簡單評價他們在場上的表現。盡量使用鼓勵的語言，當然，也可以用幽默的詞語指出學生的缺點。

附：發放材料

檢查員（將這種卡片發給二至四名學生。）

你是一家玩具公司的一名敬業的檢查員。你喜歡並信任由你監督的開發組成員。你的工作就是將董事會做出的決議通知各個部門，監督他們的工作情況。

公司總裁（將這種卡片發給三至四名學生。）

你是一家大型電腦公司的總裁，擁有上億的資產。你是一個久經沙場的商業老手，你的工作就是對不斷變化的市場做出反應，以保持電腦公司的靈活性和競爭力。你性格和藹，但是做事相當嚴謹、固執，不易向他人妥協。

公司職員（將這種卡片發給六至十名學生。）

你是廣告公司策劃部的一名相當敬業的員工。你整天為公司的廣告創意而辛勤工作著。

大學畢業生（將這種卡片發給一至二名學生。）

你是一所著名大學的畢業生。你正在尋找一份合適的工作。雖然，你沒有工作經驗，但你已經在一家公司實習過，有很多實習經驗。你是參加過大學社團、政治活動、慈善機構等的自願者。你對未來的工作有著美好的憧憬。你處世樂觀，願意接受鍛鍊。無論你在哪裡工作，總能夠讓大家喜歡。

第六節　精神的力量

形式：團體參與。

場地：不限。

材料：無。

時間：七分鐘。

應用：① 心理暗示；② 溝通中安慰或鼓勵人的技巧；③ 激勵人們充分發揮自己的主觀能動性。

(1) 目的

① 用實例證明，即心理暗示可以引起身體的活動。

② 說明精神力量的重要作用。

(2) 步驟

① 請參會人員把兩手握在一起，食指伸直，平行，相距五公分。

② 請他們注視自己的食指，想像有一條繃緊的橡皮筋纏繞在上面。

③ 請他們開始說話，語速要緩慢，語調要從容：「你能感覺到把你的手指拉得越來越近……越來越近……越來越近……」

④ 至少有一半聽眾會笑，這說明他們已經接受了這個暗示，手指離得近了。經驗顯示，有一半到三分之二的參會者會對該暗示做出相應的反應。

(3) 討論

① 是什麼促使你的手指移動？

② 你有沒有見過意識引發行動的其他事例？

③ 那些手指保持不動的人是透過什麼來抵消「橡皮筋」的力量的？

(4) 總結與評估

① 心理暗示在生活中的確存在，而且具有一定的使用價值。

② 人們可以有意識運用這一方法來安慰或幫助自己身邊的人。

③ 如果你希望自己是什麼樣，並且確信自己能做到，你往往就真的能實現這個期望。

第七節　不考試的測試

形式：團體參與。

場地：教室。

材料：白板。

時間：十二分鐘。

應用：① 團隊溝通與合作的培訓；② 有效學習的方法；③ 分析總結能力的培訓；④ 培訓、會議等團體活動後資訊收集及評估。

(1) 目的

讓學生參與對課程的總結，加深學習的印象。

(2) 步驟

① 在整個培訓課程結束前三十分鐘，發給學生們白紙。

② 讓他們用五分鐘的時間寫出在這次培訓中，印象最深刻的內容，至少應該有五、六點。

③ 分成小組進行分享，並且用腦力風暴的方法列出如何記住這些學習要點的方法。

④ 挑選兩三個組進行匯報。

(3) 討論

① 匯總後的意見與一個人總結出的內容有何不同？哪個較好？

② 怎樣才能加深理解和記憶？

(4) 總結與評估

① 最後討論出來的內容比個人的總結要精闢和詳盡，說明學習過程中

與他人交流溝通，會促進對學習內容的理解和記憶。

② 善於總結，善於分析，才能有效率的學習知識。

第八節　同一首歌

形式：團體參與。

場地：有音響器材的會場或教室。

材料：無。

時間：五分鐘。

應用：① 加強對溝通含義的理解；② 強化團隊成員對團隊的認同度。

(1) 目的

深化每個學生的內心世界，令每個學生都可以釋放自己，沉浸於無界限的溝通境界。

(2) 步驟

① 全體學生圍成一圈。

② 每位學生將自己的左手放在左邊學生的右手掌上，右手托著右邊學生的左手掌。

③ 所有學生閉上眼睛，聆聽一首溫馨的歌。

④ 討論。

⑤ 再聽一遍，以加深印象。

(3) 討論

① 以這樣的方式聽歌是第一次嗎？有什麼特殊感覺？

② 團隊成員有什麼共同點？每人至少說一點，說得越多越好。

(4) 總結與評估

① 在不同的情境下面對相同的事物有不同的感受。

② 團隊之所以存在，是因為有共同的目標。

第十一章
巾幗不讓鬚眉

做女人要「柔」，柔情似水的女人最可愛；做女人要「美」，美麗的女人最有力量。當你幸運的成為職場上威嚴的領導者時，何不盡顯女人的優勢，做個「女人味」十足，既有幾分柔、有幾分美，還有幾分強的巾幗英雄。

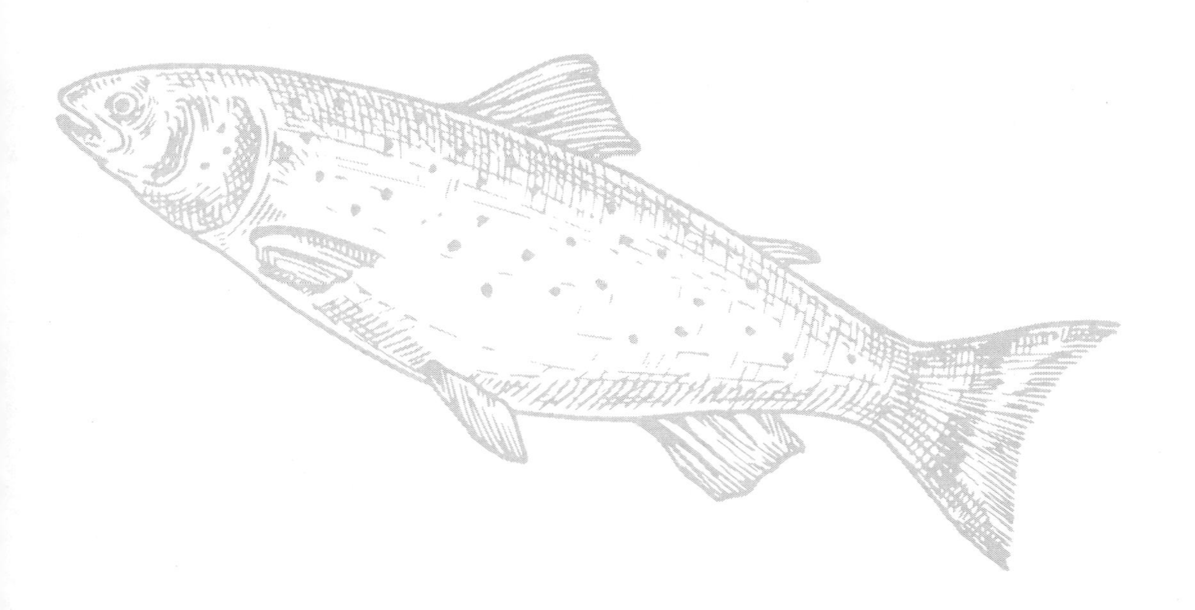

第一節　勇於面對自己的脆弱，培養英雄本色

今天，社會高速發展，已經摒棄了經濟時代對女性的不公平待遇，是男女平等的社會。女性已經在社會多方面顯示出了不可忽視的力量，女性擁有不可低估的作用。隨著國際化、社會競爭、世代創新和城市發展，實質上就是資金資訊、技術、物資、人才的流通。

國家之間、企業之間、人與人之間的競爭，實質上是人才的競爭。

在古代，「相夫教子」、「為夫分憂」等都視為女人的天性和分內之事，但隨著時代的進步，女性的領導才能越來越走進了時代的前列。

人才學顯示，人才成長是在一定的社會條件下，以創造性實踐為仲介的、內外諸因素相互作用的綜合效應。其中，內在因素是人才成長的根據；外部因素是人才成長的必要條件;創造實踐在人才成長中起決定作用。那麼，今天的女性主管，尤其是企業的領頭羊 —— 總經理，又應該怎樣具備高品格的內在因素並培養自己的英雄本色呢？

(1) 勇於面對自己的脆弱，提高素養品味

在很多人的眼裡，女人就是喜歡因為一點點小事就哭泣的軟弱人類，膽小如鼠的小心眼更不會相信女人會有什麼大事業，大作為。這可是一種完全錯誤的觀點。歷史上有多少讓我們驕傲的例子：古有花木蘭替父征軍，今有知名集團董事長等等。無不說明了女性的領導能力。

堅定的信念，強烈的社會責任感，熱愛人民，造福人類，這是新時期女主管人才特別是女性總經理的靈魂。在國際風雲變幻莫測和面臨挑戰的關鍵時期，女主管人才，特別是女性總經理必須了解時代，認清使命，努力學習

科學文化知識與企業管理相關學術，提高理論素養，做到理論和時間的統一，堅持以人為本的發展觀，增強風險意識，做一個合格的企業總經理。因此，新時期女主管必須加強自己的文化修養，學會運用管理人才，只有這樣才能讓人才為妳服務。

科學求實，知識專業化、多元化，這是新時期女主管人才特別是女性總經理必須具備的基礎。新世紀是全世界範圍高新科學技術突飛猛進的時代。現代知識對生產過程的滲透越來越深，現代知識在生產中的密集度越來越高，現代知識的整體性越來越強，現代知識的更新越來越快，現代知識的國際性特點越來越突出。

因此，新時期女主管人才特別是總經理領導者，只有具備科學求實，知識專業化、多元化，才能在國際性人才競爭中爭得一席之地。

真正塑造理智型、意志型、獨立型的優秀品格。由於幾千年來的文化的滲透，角色的期望，傳統的女性明顯的弱勢就是依賴性、狹隘性、脆弱性，表現為自卑、怯懦、狹隘、依賴、順從、虛榮、嫉妒等等，這些心理上的缺陷絕不利於高層次領導人才所必備的理智型、意志型、獨立型等偉大性格的形成。它常是女性人才特別是總經理人才脫穎而出的一種無形的障礙。

高品味的健康的心理素養，這是新時期女主管人才實施領導的有力武器。對新世紀國際性女主管人才，特別是總經理，要求越來越高的作風素養。作為新世紀的女主管，特別是一個企業的總經理，更應有堅定的信念，有對事業的執著和腳踏實地的作風。

有人曾說在這個世界上聰明的女人有很多，漂亮的女人也很多，但是既聰明又漂亮的女人就寥若晨星了。在這裡，我們姑且不論這句話正確與否，但能夠確定的是，能夠站在時代前列的，必定是外表秀麗，衣著得體，溫和的言談中透露著智慧，一絲不苟的工作作風，嚴肅認真的工作態度，凸顯著現代成功女性特有的胸襟氣魄和知識女性敏銳的才智。

(2) 胸懷大志，開拓創新

在現代商戰中，作為主管不免要進入些社交場合。在這種場合中，如果你是位豔光四射的冷傲美女，恐怕很少有人敢上去搭訕。而坦蕩豁朗大方的則會有很多的人緣，也才會有事業的成功。

胸懷大志，學會豁達大度，有開拓創新精神，這是新時期女主管人才的根本。隨著現代社會經濟的不斷發展，競爭力的提高，女主管人才特別是總經理，必須站在未來的全球的高度，開拓創新。只有這樣，才能適應時代的要求，才能在新世紀的國際競爭的驚濤駭浪中勇往直前。

每個人都有無限的創造潛能，在現代社會的今天，作為女性總經理，更要將這種創造性潛能充分發揮出來。有人將它比喻成汪洋大海中的冰山，很多人只看到了它表面上的一小部分，而忽略了藏在水下的大部分。女性總經理要對自己充滿信心，不斷開拓進取，喚醒蟄伏中的創新意識，成長成就事業的大魄力和勇氣。

女性主管，特別是女性總經理，必須具有以下三個方面的開拓創新智慧素養：

① 具有強烈的管理創新意識和培養創新思維能力。

② 具有顯著的管理創造個性。（包括管理中的進取心理、自信心理、勇敢心理、堅韌心理、獨立自主心理等）

③ 具備出眾的管理創造才能，包括管理中的創造性思維能力和創造實踐能力，在模仿中不斷創新。

現代主管需要目光遠大，勇於開拓創新。創新性也是一種生活方式，一種對生活的態度。作為總經理不應把它只看成是一種現象，只是偶爾出現幾次。恰恰相反，我們應該把這種創新性看成是人性中不可缺少的一部分，是可以透過後天的培養而獲得的，而且終生成為自己有用的才能。

總經理的品德、人格是根本。女性總經理要加強自我修養，使自己成為品德高尚、作風正派、謙虛大度、與人為善的領導者，在大眾中具有感召力和崇高威望。

具有高強的領導能力是總經理實施領導的有力武器，尤其是作為一名讓大眾折服的女性總經理，更應該努力樹立現代領導觀念，掌握領導科學和領導藝術，注重基礎鍛鍊，勇於流動輪職位，豐富工作經歷。培養良好的思維能力、科學的決策能力及實施決策的組織指揮能力、溝通協調能力，並將女性的優勢運用於領導工作，機智巧妙、恰到好處處理各類問題。

總之，努力提高自身素養，是女性領導人才特別是女性總經理源源不斷湧現之根本。

「江山代有人才出，各領風騷數百年」。願更多更強的女性主管特別是女性總經理活躍在未來的各個領域裡，活躍在各個行業的領導職位上。

> 誰說女子不如男子？給自己足夠的信心，做一名優秀的女主管，打破那種根深蒂固的大男子主義。

第二節　好人出在口上

伶牙俐齒是領導者應該具備的有力武器。

你是一位博學多識、思維深邃的領導者，但無法把自己所思所想正確表達出來，你的真實才能往往也得不到展現，影響到你管理決策的正確實施和有力貫徹。

談吐水準低，也會對你的主管形象產生不良影響，不利於威信的建立。

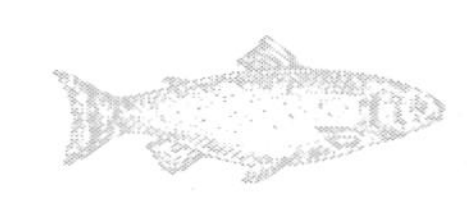

你與上級會面時，你給他最直接的印象就是你的談吐和外表。你在談吐上的優劣表現，很可能成為他是否會提升你的重要參考依據，這絕沒有誇張。

你是一位主管，在言語表達上，你不一定要成為一名優秀的演說家。但是，為了你的成功，你必須使自己向著一名標準演說家方向努力。

這個要求很高，當你發現語言的眾多重要性後，你就不會放棄在這方面的精力投入了。

一場驚心動魄的商戰，由於你卓越的口才，勝利的天秤便偏向了你；會議上，一段精彩絕倫的發言，語驚四座，大家對你的看法大加改變；婚禮慶典上，你幾句熱情洋溢、恰到好處的祝詞，贏得眾人的陣陣掌聲……。

運用自如的口才，可以幫助你團結下屬、同事，獲得上級的賞識、信任，直至取得事業的成功。良好的領導口才將使你受益匪淺。

作為主管，優秀的口才對於資訊交流、情感溝通、建立廣泛友好的人際關係，發揮著舉足輕重的作用。

不善言辭表達的主管，也許你的口才正在無形中影響著你自身的進步和發展。你切不可不以為然，自甘放棄語言表達能力的提高，做一名默默無語者。否則，你的才華將被逐漸埋沒。

(1) 感受語言的魔力

知名作家說：如果你不富有，聰明才智也是可觀的財富；如果你不美麗，談吐氣質也是迷人的魅力。總之，只要你願意，你就能成為一個成功的人！

一個侃侃而談、博學多才的人，很容易引起別人的好感和注意。這樣的人，在事業上都會有很大的成就。善於談吐的外交官能成功的維護本國利益，善於談吐的推銷員能夠成功賣出自己的產品，善於談吐的店員更能吸引回頭客。即使貧困得身無分文的人，健談也會讓他比較容易獲得別人的同情。

是否善於談吐對一個人的交往有著很重要的作用。語言是一個人內在品格的反映，它把自己的思考觀念以及為人處事的能力都表現出來，讓別人理解自己。這樣，人與人之間的溝通就更容易了，很容易建立起一種「其樂融融」的氛圍。而溝通的捷徑就是交談，因此談吐就顯得異常重要。

一個成功女性要想具備較好的交際能力，就必須擁有一個好口才。而有了好口才，也就比別人多了個優點。因而，也會給自身帶來更多的利益和機遇，使機會更易於把握在自己手中，使不可能的事變成可能，使失敗變成成功的突破口。

好口才不僅是一個成功女性思考概念的展現，而且還會展現出她的性格以及她的反映能力，處世能力、思考能力。這個人是愚是智，是好是壞，是一本正經還是幽默風趣等等，都能夠從她的口頭表達能力中表達出來。我們所獲得的資訊大部分也都是從說話人的語言中捕捉到的。

一個人綜合素養的外在表現就是言談。良好的語言表達能力，能獲得別人的青睞和賞識，而蹩腳的語言，卻會給人增添一層無形的阻力。諸葛亮在草廬中侃侃而談三分天下，使得劉備大有撥開烏雲見青天，相見恨晚之感。

(2) 感受成功演講的魅力

由於女性善於表達，所以通常會取得了意想不到的成效，更多的女性由於善於言辭，獲得了威望、地位，或被重用、或是得到了令人羨慕的職業。因此，作為一個成功的女人不僅要有做事的才能，還要把自己鍛鍊得善於談吐，讓人覺得自己是一個有趣、活潑、可愛、很好相處的人，別人感興趣的事情，你也同樣應該表示出興趣。這樣才能更好溝通交流，俗話說得好：「酒逢知己千杯少，話不投機半句多。」說的就是這個道理。如果你事不關己、高高掛起，愛理不理的，那麼你也別想引起別人的注意。當然，對於所談的話題，也要合情合理，順理成章。

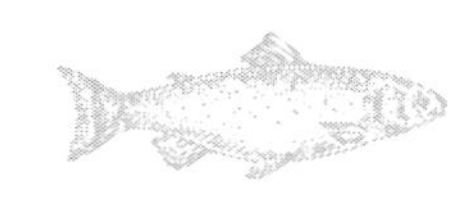

身為一個女主管，透過學習使自己能自信，大膽的演講，那她就能夠為自己創造成功的體驗。透過演講，不但可以鍛鍊自己的膽量，還可以提高自信，更可以讓自己擁有非凡的口頭表達能力。我們說過，語言可以反映一個人的思考，那麼語言的無能也正反映出一個人思考的愚鈍。另外，在許多情況下，很多女性對溝通採取一種「懶人」的辦法，即用一些模稜兩可的詞語和陳詞濫調來搪塞，這對你走向成功無疑是一個阻礙。其實，一個女主管能夠成功的演講，並與他人一起分享自己經歷體驗所具有的情感經驗，運用較多的細節，語言的修飾和隱喻，使自己的表達更清楚，那麼她的口頭表達能力也就達到了一定的實力了。

(3) 勤能補拙是良訓

隨著現代經濟的不斷發展，市場經濟也越來越發達。這種進程，又會引導更多的女性投入職場，一顯身手。

走進職場，就要走進社交場合，如何使自己在眾人面前遊刃有餘，這時就需要你良好的交際能力。

有一個好口才是每一個女性所嚮往和追求的。有的女性天生能說會道，有的天生嘴笨、木訥。但是如果注意練習，同樣會大有進步。

俗話說：「三日無溜爬上樹。」這句話是有事實依據的，那些能說會道的人如果長時間不鍛鍊就會覺得口生，而口齒拙笨的人更不用說了，這就像野外寫生的畫家，長時間不握畫筆，再提起它也會感到陌生。成功的你在與人的交談中，所有的技巧，都是在經常鍛鍊的基礎上養成的，離開了鍛鍊，就想讓自己有所成就，那簡直是空話。

對於那些天生嘴拙的女人來說，只要肯下苦工夫，不是不能有所改變，一個失敗的女主管在於她們沒有花費精力去鍛鍊。她們只會在私下裡羨慕那些成功人士的英姿風采，而抱怨自己的不足，埋怨老天不公平。其實有很多女人透過自己的努力，從「醜小鴨」變成「白天鵝」的女人。

當然，成功的你的卓越戰績並不完全來自於滔滔不絕、口若懸河的談吐，因為僅僅空談是遠遠不夠的。能否將自己的每句話在別人腦海中轉化為鮮明形象，這才至關重要。

因此，作為女主管，良好的口才交際是你成功的一個有利條件。

> 俗話說，「一手漂亮字，一口漂亮話。」是每個主管必備的「基本功」。學會說話，讓你在社交場合能夠左右逢源，遊刃有餘，是你成功的保證。

第三節　主管要放權於人

身為主管的你，並不是什麼都非得你過問。要學會把權力適當的分散下去。做到許可權與權能相適應，權力與責任密切結合，獎懲要兌現。

如果你把什麼都攬在自己身上，即使你有三隻手，也不可能顧及全面的。所以，在你忙得不可開交時，不妨想想是否該讓別人做一些，放給他們一點權力，這對你來說是有百利而無一害的。

在我們工作中，遇到的事有大有小，身為主管就要全力以赴做大事。大事就是全面性、根本性的問題。對於大事，領導要做準做好，一做到底，絕不可半途而廢。

只要是主管，不論是剛剛上任，還是老主管，肯定會有很多事情等你去處理，但千萬不要認為，把自己弄得筋疲力盡，忙得不亦樂乎才是最佳的選擇。輕鬆自如的主管善於把好鋼用在刀刃上，功夫用在詩外，厚積而薄發，不失為上策。

放權用人可以產生多方面的積極影響：

(1)　能夠充分激發部屬的積極性，使部屬放開手腳工作；

(2)　克服部屬對主管的依賴想法，激發其創造精神，提高獨立工作的能力；

(3)　減少請示報告等工作程式，以便節省時間，提高工作效率；

(4)　可以使領導者從事必躬親中獨立出來，集中精力做好大事。

是否做到真正的放權用人，也是一個領導者能否正視手中的權力的一種反映。因為，有的領導者把權力看成是個人的私有財產，作為謀取私利的手段，因而把得緊緊的，「寸權必留」，這是非常荒唐的。任何一個領導者手中的權力都是公司給的，絕不是你個人的私有財產，權力運用得好，把公司的事情辦好，高層就會繼續給你權力，否則，濫用權力，以權謀私，高層定會剝奪其權力。以權謀私，可以得逞於一時，但不可能長久。也有的主管不懂得權力集中與分散運用的關係。認為做主管的有絕對的權力和絕對的威望，只有這樣才能把工作做好。這就大錯特錯了，實際上，任何事情都是相對的，「過猶不及，物極必反」，權力的集中與分散是相輔相成的，不可走向極端。

放權也要講究藝術，把握好權力的集中和分散，做到集散統一。

最根本的，是認清自己所在的職位，各盡其職，不管權力大小，目的都是統一的，就是發展自己的團隊。

(1) 放權不拖拖拉拉，要乾淨俐落

常常會有這種情況，有的領導者，雖然放權給了部下，但一切都要等上司裁決後才能運作。雖然他口頭上說要把許可權交給下屬，但實際上，決定權還是在他手上。這種放權方式是很不高明的。

當然，領導者必須要做到心中有數，都不希望下屬有錯誤發生。為避免

執行者在工作中有所疏忽，領導者也要做調查工作。但這並不意味主管在放權後又回來干涉屬下的工作。如果你作為上司，總去干涉下屬的工作，是很難博得別人的好感的。

(2) 委以重任要簡單明瞭

有些很認真的主管，在分派工作時，從開始到結束，總會指示得非常具體詳細。如安排會議室，放幾把椅子，買多少茶葉、水果，標題寫多大的字，找誰寫，用什麼紙等等，這些瑣碎的小事都安排得一清二楚。開始部下還可以接受，可時間一長，大家就不太情願了，感到他像個喋喋不休的老太婆一樣，管得太細、太嚴了，甚至是太囉嗦了。

其實，工作中的很多事情，只要主管向員工下達工作目標就可以了。如讓下屬推銷一批商品，主管只要告訴他銷售定額和經濟契約法一些知識就完全可以了，不是特殊情況沒必要告訴他到哪家商店去，進門該怎麼說，出門怎麼道別。過於細膩的管理反而會適得其反。

(3) 不要束縛下屬做事

有些主管做事喜歡獨斷專行，他們對下屬提出的意見，往往不論好壞，只管一味否決。長久下去，只會一次又一次打擊下屬的積極性和工作熱情。他們以後再也不願發表自己的觀點，對工作也不會那麼盡心盡力了。

因此，作為一個主管不但要全力支援下屬的工作，同時也不要妨礙他們的工作，妨礙他們就是妨礙你自己。

一個明智的主管，對於一個真正有才能的人，應該是一開始，就把他們當成能獨當一面的人，委以他們重任，讓他們有機會表現自己的能力。而且在工作中，切莫一意孤行，用自己的行為去妨礙下屬辦事。即使他們做錯了或失敗了，也不要一味責怪，而要慢慢開導，讓他有承擔責任的勇氣。

當一個人能自由發展才華時，如果可以運用他們的專長，就可以放權給他們。放權的真正意義是要能夠給他的責任賦予權力，讓他們負責起來，保證有一個良好的效果。

第四節　主管如何給「病人」對症下藥

作為一名成功的主管，不但要會識人，而且還要會正確用人，這樣你才不浪費每一個人才。

在任何一個組織中，肯定都會有一些「不倫不類」的下屬，作為一個主管，尤其是女主管，如何醫治這樣「有病」的下屬呢？一定要因人設計，因病治宜，真正做到對症下「藥」。

(1) 怎樣對待恃才傲物的部下

有的下屬「恃才傲物」，仗著自己才高，目空一切，有時甚至玩世不恭，對誰都不在乎。掌握這種下屬的個性特點並學會與之和諧相處，是每個領導者都期望的。

大凡恃才傲物者都有以下共同特性：

① 自以為本事大，有一種至高無上的優越感。總以為自己了不起，別人都不如自己，說話常常硬中帶刺，做事我行我素，自信和自負心強，對別人的態度則表現為不屑一顧。

② 恃才傲物者大多自命不凡，好高騖遠，眼高手低，自己做不來，別人做的又瞧不起。所以，做什麼事都感到淺薄、不值得去做。

③ 恃才傲物的人往往性格孤僻，喜歡自我欣賞，聽不進也不願聽別人

的意見。凡事都認為自己做得對，對別人持懷疑和不信任態度。

與這種下屬相處，領導者必須有目標的採取措施辦法。

A. 要用其所長，切忌壓制打擊

恃才傲物的人，大都懷有一技之長。否則，無本可「恃」，更無「傲」之本。領導者在與這種下屬相處時，要有耐心，要視其所長而用之。絕不能採取冷處理的辦法，為了壓其傲氣，將其擱在一邊不予重用。

必須要知道，這樣做不僅不能使下屬正確認知自己的不足之處，相反，會使其產生一種越「壓」越不服氣的叛逆心理，說不定從此便會與你結下難解之仇，工作中有意給你拆臺，故意讓你出醜。

B. 要有意用短，善於挫其傲氣

恃才傲物者並非萬事皆通，樣樣能幹，充其量只是在某些方面或某個領域裡才能出眾、出類拔萃，在其他方面可能就不如別人。

領導者欲消除恃才傲物者的傲氣，就要設法讓他們認知自己的不足，最好是在單獨場合，安排一兩件做起來比較吃力而且比較陌生的工作讓他去做，並且要求限時完成任務。下屬要完成這些任務就必須付出更大的努力，即使勉強完成了任務，也會深感做好一件自己不熟悉的工作是相當艱難的。

C. 要敢承擔重任，以大度容傲才

這種人做什麼工作都掉以輕心，即使再重要、再緊迫的事情，他們也會表現得漫不經心、微不足道，所以，常常會因其疏忽大意而誤事。作為主管切不可落井下石，一推了之，要勇敢站出來替部下承擔重任，使他感到大禍即將臨頭，主管一言解危。日後，他在你面前不會傲慢無禮，甚至對你感恩不盡、言聽計從。

(2) 怎樣去對待有優越感的下屬

什麼是優越感？有後臺、高學歷、門第顯赫、好業績、好經歷等都是。這樣的下屬通常都比其他人有一種優越感。對這樣的下屬應當充分利用他們的長處，即使他們比你年輕，也應當尊重他們。如果一個主管對待這種下屬方法不正確的話，他們就會把優越感作為資本隨時顯示出來。

但在任用這些有優越感的人們的同時，也會有很多問題隨之而來。比如說，他們仗著自己的優越感在公司裡目中無人時，你該怎麼辦呢？他的親戚正好又是你的上司，或他的家人在顯赫的政府部門工作，你將怎麼利用他們呢？

如果他們真的有能力，倒是可以借助他們來促進自己的工作。但領導者自己一定要掌握好分寸，千萬不要因此而受控於他人。作為主管，應掌握一個基本原則，那就是至少不能讓他們成為其他下屬的負擔，一定要注意控制其影響，以免影響到整個團隊，不能因一條魚而腥了整鍋湯。

假如他沒有真正的工作能力，而且表現還不突出，但是因為他有超出別人的優越條件，你反倒對他們聽之任之，這樣勢必會失去其他下屬的信任。這也是很多主管都容易犯的通病。你可能認為就那麼一兩個人，不會有多大的危害，那你可就大錯特錯了。別的下屬，一來容易效法他們而形成不良之風，二來他們容易看低你的領導力，使你失掉領導威信。

如果你的下屬既有能力又有靠山，那就證明他教養有素、具有實力。由於他們有靠山，工作又努力，工作業績自然會好。你若有這樣的下屬，就應該注意使用和提拔他們。可以和他們保持親密關係，但一定要把握好，要時時注意影響，不要讓其他下屬感到被忽略而影響到工作情緒。

(3) 區分自信和自負的人

人們常常把那些舉止高傲，自命不凡，待人接物時流露出不屑一顧的神態，語調亢奮，用詞尖銳的人稱為「狂妄」的人。「狂妄」的人所受到的社會非議往往比那些不學無術的人更多些。

一般來說，「狂妄」二字帶有貶義，它使人們產生一種刻板的心理，成為人際交往中的心理障礙，如何與「狂妄」的人相處，也是領導者關心而棘手的問題。

人們一般習慣於把那些自信和自負的人的言行統稱為「狂妄」，不將兩者區別開來。一類是自信的人，另一類是自負的人。

自信是創造意識的反映，自信的人時時處處相信自己掌握著真理，他們從不懷疑自己的所作所為以及自己的全部意識是符合客觀規律的，是正確的，無論別人怎樣勸解、反對，他們都堅持走自己的路。

自信是一種應該獲得肯定的品格，通常傳統教育下成長的人，自信的人不是太多，而是太少。這類人的心理特點是充分自信，這種自信是建立在豐富的知識和橫溢的才華上。諸如「高傲、自命不凡、不屑一顧」等詞語，實際上是他們的自信心在某種條件下的無意流露。他們信服的是真理，而非是人，他們注意獲取資訊，卻又不太願在眾人中維持一般人的形象，他們在社會交往中的心理活動表現為一種複雜的矛盾體。

領導者與這類人成功相處，有兩種方式，一是探討式，另一種是請教式。作探討式的相處，就必須使自己的理論素養和知識水準達到與對方協調的層次。作請教式的交往，就須處處虛心謙讓。談話中要盡可能讓對方多講，不隨便插話，這樣才能使相處維持下去。

自負的人一般對自己缺乏客觀的評價，他們實際上並沒有多少學問，往往是自我吹噓，誇誇其談，他們所表現的「高傲、不屑一顧」等神態，實際上是心靈空虛的補充劑，以維持其虛榮的心理平衡。

領導者與這些人相處的方式實際上很簡單，乍看起來他們似乎視野開闊，天南地北，無所不談，一副居高臨下的樣子，但只要就某一問題深入與之探討，他便會露出馬腳。一旦露了馬腳，他的威風也就自然掃地。

另外，與這類人初次相處，可以用你的學識將之「震」住，如果做到了這一點，往後交往中的矛盾便迎刃而解了。

(4) 學會用情緒化的人

常常會有一些下屬工作情緒不穩定，時冷時熱。高興時埋頭苦幹，廢寢忘食，成績也很出色；但使起性子來，即散漫鬆懈，又毫無鬥志。

他們當中有的視工作為磨難，認為在工作中尋找不到樂趣，但他又不會輕易丟開工作，因為他要生存。

有的人缺少吃苦耐勞精神，沒有挑戰困難的勇氣，只會享受，並精通「玩」之道，凡能使他得到樂趣的地方，他都願意不惜代價，並親自體驗一番。

可是這種人也有優點，如性格活潑，惹人喜愛，並且重感情，善交際。

對待這樣的人，主管該如何正確使用？

儘管這種人略有才能，並且善於交際，但由於情緒不穩定，容易受到外界的影響。所以在很多關鍵時刻不能當機立斷，勇往直前；在遇到困難時，往往顯得束手無策，不能直視困難。對他們即使委以重任，恐怕也無力擔當。但這種人也並非是無用之才，如能給他選擇一種適合他的職位，挖掘他的潛力，也能夠做出成績，成為公司棟梁，但也不宜重用。

(5) 怎樣對待墨守成規的下屬

有的下屬天生就缺乏創意，他們喜歡墨守成規、為人處世的方法都學著別人的樣子，既無主見，也沒有自己的風格。

墨守成規是他們做事的原則，當事情有所變化時，不會去靈活運用，只能搬出別人的東西，尋找依據。世界上的事物千變萬化，但這種人不知以變應變，因此，他們難以應付新事物、新情況。

缺乏遠見也是他們的通病，沒有多少潛力可挖，他的發展水準局限在一個範圍之內，一生中難以打破這個框框。因此，這種人不能委以重任。

但他們也有自己的優點，做事認真負責，容易管理，雖然沒有什麼創意，但通常不會發生原則性的錯誤。把簡單的事情交給他們去辦，他們能夠按照主管的指示和意圖進行處理，還能把事情做得令主管萬分滿意，難以挑剔。

(6) 如何對待喜歡打小報告的下屬

有些人喜歡在背後說別人的壞話、挑撥離間。和這樣的人相處，的確很難，但生活中這號人又客觀存在著，領導者和他們相處，必須掌握一些訣竅。

①「自重」和「互重」

「自重」，在與不同類型人的交往中有不同的表現形式；與比自己強的人交往，需要誠懇、虛心；與不如自己的人交往，需要謙和、平等；和那些搬弄是非的人交往，則需要正直、坦蕩。換句話說，就是對閒言碎語不聽、不信、不傳。看問題要全面，要有自己的見解。

除了「自重」外，「互重」也是很重要的。背後議論別人是一種不道德的行為，幫助別人改正這種習慣是應該的。幫助他人改變這種惡習行之有效的方法是：尊重對方，以朋友方式的態度善意規勸對方；巧妙引導對方獲得正確認識人的方法，比如，當對方談論他人時，可以先順著對方的話，談談這個人確實存在的缺點，然後再談談他的長處，從而形成正確的結論。

如果有些人搬弄是非的惡習已成為其性格特點，那麼你就乾脆不理睬他，聽見八卦也只當一陣風掠耳而過。

② 反應冷淡

不要以為把是非告訴你的人便是你的朋友，他們很可能希望從中得到更多的談話材料，從你的反應中再編造故事。所以，聰明的領導者不會與這種人推心置腹。令他遠離你的辦法，是對任何關於你的傳聞反應冷淡，毋須作答。

③ 不宜過多交往

如對方總不厭其煩把關於你的是非輾轉相告，以致對你的情緒造成負面影響，你應拒絕和他見面或不接他來的電話，此類人不宜過多交往。

④ 保持冷靜

儘管你聽到關於自己的是非後感到憤慨，你還須努力控制自己的情緒，保持頭腦冷靜。

就是有很多主管喜歡這種人，而且還常常把此人看成是知己和心腹。並且她們還認為，這種獲知下情的途徑實為一條便捷之道。殊不知，天長日久，她們已和其他下屬之間出現了一道鴻溝，經「告密者」傳遞的資訊經過「改編」，已面目全非，因此，這些女主管得到的情況未必都是真實情況。

但也有些精明理性的女主管，是不會被這種人的雕蟲小技所迷惑的，她們能以領導者的真知灼見來全面評價這種人。她們知道這種人確實有點小聰明，會耍些花招，但在真正的辦事能力方面肯定不會突出，否則他就不會做探聽八卦的人，博自己的歡心了。並且公司上下所有的人對這種人除了討厭唾棄外，再無其他的感情可言。

如果你是個精明的主管，是絕不會重用愛告密的人，但會盡量去發揮他的這種特長，把他安排在一個無關緊要的位置，用實務工作鍛鍊他，使他慢慢覺醒才不失為上策。

> 學會「對症下藥」，是每個領導者必須具備的。對待各式各樣的下屬，不能統統採取一個方式，要因人而異，只要你真正做到了「對症下藥」，管理起來一點也不難。

第五節　用你的外在魅力

提到魅力，人們普遍都會想到性格、氣質等一些外在表現。其實，魅力是一個人的綜合顯現，並不具有單一性。我們在評判一個人有無魅力時，都是從多方面考慮的。特別是主管，更要全方位、多角度的觀察其魅力所在。

魅力指數，是指自我期許、自我要求、自我行動、自我改善中，智慧、情感、技巧、能力的累積與呈現。魅力指數不屬於階級地位、職業身分，人人都有魅力指數。因此，人人都可活出自己的魅力指數，實現自己的夢想。

作為主管，如何利用自己的魅力來贏得下屬呢？

誰都知道愛美之心，人皆有之。一定要把自己打扮的更加完美。有一位外表亮麗的人做自己上司，對下屬來說本身就是一種美的享受，會更努力配合你的工作，其結果是工作水準增高，雙向受益。因此，主管一定要注重自己的外在魅力指數。

(1) 眼睛

自古以來，人們都把眼睛視為心靈的窗戶，詩人們也一直用美好的詩句來歌頌眼睛的魅力指數。這是因為眼神傳達了人們的內心真實感情。

早在中世紀時，義大利的女性就知道瞳孔大更有吸引男性的魅力。為此，上流社會的女性在參加盛大的宴會或舞會前，常用顛茄製成的藥水滴在眼睛裡，用以放大瞳孔。古今中外的情人都喜歡在比較昏暗的光線下幽會，儘管這有愛情神祕性的原因，然而昏暗的環境可以使瞳孔放大，從而增添無窮魅力。

黑格爾曾說：「如果我們看一個人，首先就看他的眼睛，就可以找出了解他的全部表現的根據，因為全部表現都可以用最簡單的方式從目光這個統一點上體會出來。目光是最能充分流露靈魂的器官，是內心生活和情感的主體性的集中點。」活潑可愛、含情脈脈的女性目光，對於男性無不具有勾魂攝魄的魅力。當然，也不是一切大眼睛都美。

眼睛美，第一要靠靈巧的眼皮；第二要靠深邃的雙目，人的眼睛如果像金魚的眼一樣鼓出來，就沒有魅力可言了；第三要靠目光有神，目光是心靈的外溢，顯露了心靈和豐富的精神內涵。人在呆滯時之所以沒有魅力可言，就是因為眼內無神，顯現出一種精神失常、心不在焉、傻頭傻腦的內心世界。

(2) 眉毛

眼上之眉，也是顯示魅力指數的一個重要因素。古人常以蛾眉（像蠶蛾觸鬚似的彎而細長）來比喻美人，可見眉毛作為魅力指數要素的重要性了。唐人朱慶餘有詩曰：「洞房昨夜停紅燭，待曉堂前拜舅姑。妝罷低聲問夫婿：畫眉深淺入時否？」說明畫眉在整個臉部化妝中占有重要的地位。

眉的魅力指數在於它是人的神思聚發點之一，對眼神有著強烈的襯托作用。兩道秀眉能把雙眸襯托得更加嫵媚動人。屈原《楚辭 · 招魂》有句：「蛾眉曼睩，目騰光些」，就是形容眉毛的姣美，使亮晶晶的眼睛更為有神。

女性之眉一直被人們稱為「七情之虹」，喜怒哀樂皆能使之發生形狀改變，因而是情感之絲，人們可以從雙眉的舒展、靠攏、揚起、下垂等運動形態特徵來洞察揣摩人的喜、怒、哀、樂等內心活動。心情愉快則「眉開眼笑」，悲哀時「雙眉緊鎖」，得意時「眉飛色舞」。女性以彎而細長的眉形最有魅力，這種形似柳葉的「柳葉眉」歷來被人所稱道。此外還有「新月」眉、「青山」眉、「臥蠶」眉等。長眉以長過眼角為度，而眉樣當以清秀、挺拔、婉轉、妥貼為好，濃淡也應相宜。眉生過低、眉尾下垂、眉毛倒掛、眉生雜亂;眉毛稀疏、眉尾上翹等都會影響眉的魅力。

(3) 鼻子

鼻子是臉部的中心，處於最突出的位置，也最具有立體感，所以很引人注目，中外魅力指數審美實踐都一致認為直鼻梁是最有魅力指數的。米洛島上的維納斯被發現以後，這種標誌著鼻子魅力指數的直鼻梁，就被俗稱為「希臘鼻」了。西方的麗人，鼻孔的平面一般與面部平面垂直，而亞洲式的麗人，這兩個平面大約有三十度的交角，即微微向上翹起一點的嬌小玲瓏之鼻，更顯得魅力無窮了。

(4) 嘴巴

嘴像是在微風吹拂下的玫瑰花瓣。

在戀人的眼中，異性的嘴唇就像是絲路花雨，愛的火焰彷彿馬上就要從這朱唇之間向外噴湧出來，比閃電還突然，還明亮，整個身心都被陶醉在吻的快樂之中。

下巴的輪廓可以補充或完成嘴部的表情。有魅力的下巴，其弦弧狀顯得圓而豐滿。豐滿的下巴可以產生滿足和安靜的印象。

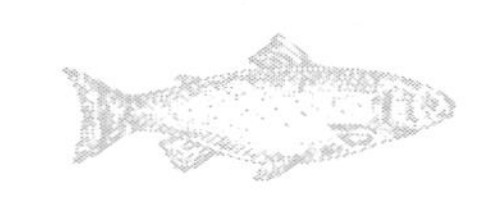

(5) 耳朵

耳朵的形狀每個人都是不相同的。古代把女性的雙耳比做連璧，西方也有人把女性的耳朵比做貝殼。劉備「兩耳垂肩」，被說成是有帝王之相，因而也就是最有魅力指數的。一般來說，卷耳朵（招風耳）、兔子耳朵、小耳朵都缺乏魅力指數，兩耳垂寬大微紅，耳廓分明豐富，與兩鬢貼得比較近的耳朵，顯然更有魅力一些。

(6) 笑容

魅力指數的特殊要素就是微笑，沒有笑容的臉孔，即使是五官端正，比例合度，也不會有多大的魅力指數，只能算是一具雕塑作品，或者只配「冰山美人」的謔稱罷了。如果有了漂亮的面龐，再加上滿面笑容，確實能增加不少臉部美的成分，讓人喜愛。在生活中，凡是笑臉相迎的人，總是受人歡迎的。若是整天愁眉苦臉，或者鐵面無情，或者冷若冰霜，很難說他們有高魅力指數。為了探討微笑的魅力指數，1988 年在英國倫敦還舉行了一次議題為「微笑」的國際會議。

微笑女性是魅力指數的精華。容貌美麗者的微笑，可以使她的氣質加倍迷人；資質平平者的微笑，可以強化局部的美麗資質，突出微笑的魅力；使人頓生好感，微笑也不會拒絕面貌醜陋的人，它會把她心靈的美引導出來，以彌補形象上的缺陷，用可愛的神色和內在的魅力指數去征服別人。

著名作家波拿多 · 奧巴斯朵莉多女士曾經為「微笑」下過一個注解，她說：「兩個人互相微笑，從表面上看來，只是笑的行為和表情，但深層意義上，一個人對你微笑，代表的是他用微笑告訴你：『你讓我感受到幸福、愉快的感覺和氣氛』……」

微笑可以增加女性的魅力指數，使她的全身充溢著攝人魂魄的溫柔和嫵媚。周幽王的寵妃褒姒不愛笑，幽王便令舉烽火，諸侯悉之，至而無寇，褒姒乃大笑。幽王曰：愛卿一笑，百媚俱生。遂以千金賞之。千金買笑遂成一成語。辛棄疾有詞曰：「絕代佳人，曾一笑，傾城傾國。」遂有「一笑傾城，再笑傾國」的故事。白居易〈長恨歌〉中更是抓住了楊貴妃笑的魅力指數，「回眸一笑百媚生，六宮粉黛無顏色。」可見美女之笑的魅力具有多大作用了！

的確，在人際交往過程中，微笑、快樂的笑、開心的笑，都是散發善意、表達好感的表現，可以大大增加一個人的魅力。常常面露笑容，能讓朋友覺得你是可以親近的人，同時也可以從和你的互動過程裡，獲得肯定與慰藉。

笑，是心情愉快的「皮相」表現，也是「善意」的表情，具有穿透人心的力量；不吝嗇笑顏，你將能感受左右逢源、處事逍遙似遇春的喜悅。微笑、快樂的笑、幸福的笑、開心的笑，都是散發善意、好感的表現。作為女性主管笑口常開，你將擁有無人比擬的領導魅力。

> 發揮你的魅力，作為女性主管，你有著得天獨厚的優勢。顯現你的魅力，施捨你的笑容，你將收到意想不到的效果。

第六節　別忘了！運用女性魅力

翻開歷史，我們可以看到，自古以來成大事的女人舉不勝舉，她們用自己的智慧和才華取得了舉世矚目的成就，用自己的能力改變了人生，改變了命運。所以，她們當中的很多人認為當了主管，就不可太女性化，應「不愛紅裝愛武裝」。我不敢說這種觀點是對還是錯，但是我想女人就要有女人味，如果因事業而失去了女人味，那也就失去了做女人的真正意義了。

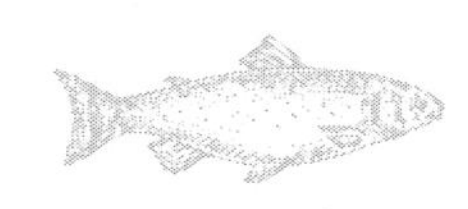

第十一章　巾幗不讓鬚眉

何謂女人味呢？

如果說，為了事業讓自己放棄了做女人愛美的權利，那簡直太可惜了。當然，這裡所說的「女人味」不僅是指那種濃妝、曲線玲瓏的女郎，那些小鳥依人、香氣撲鼻的女人。這種味道裡透著俗氣，少了骨氣。

可以說「女人味」是一種境界，一種精神，更是一種文化。然而令人遺憾的是，現實生活中有許多女人，當然也包括更多的職場女人，一到中年便信念皆無，萬事皆休，任大腹便便，任嗓子粗啞，任舉止粗俗，任精神荒蕪……這種心靈上的皺紋比臉上的皺紋更讓人心痛，好像隨著青春的逝去，她的個性也隨之泯滅了。她不再是個女人，因為她完全失去了女人的優雅，這是可悲的。青春本是無法把握的，失去了就不應該慚愧，但女人的優雅卻是一種精神，可以自己去把握和創造，把它丟失了則全是女人自己的過錯了！

每個聰明的女人都不會因自己獨立意識的發展，而放棄女人身上那彌足珍貴的東西的。因為她們知道，女人在追求事業的同時，在感情上也不能變得過於淡化、麻木，如果那樣女人天然的溫柔之美就蕩然無存了。

成熟的女人永遠知道，如何保持自己作為一個女人的魅力，在她們身上總是散發出一股令人嚮往的女人味。女人味就像上帝專門為女人訂的錦衣玉裙，它既能讓芳華已逝的女人將自己的美麗延續下去，又能讓充滿活力的女性永遠洋溢著柔情。聰明的女人在任何時候都不會丟棄這套錦衣玉裙，她們在與時間的對抗中懂得了，只有女人味可以使女人永遠保持魅力；在工作中她們從不故意擺出一副「拒腐蝕永不沾」的女強人的面孔，而是在柔情似水的外表下，跳動著一顆堅強的心。她們不僅贏得大家的佩服和尊敬，而且所有人都願意與她親近，這也是做女人的一種資本，為何不利用起來呢？

女人味是女人內在的修養不是某個女人的專利，而是所有女人共同具備的特質。它更像一種無形的力量，傳達出女人的氣息。它所代表的不僅僅是成熟、溫柔、美麗和性感，還是一種風度和修養。

我們說女人味更是一種精神，有女人味的女人更是寬容的、善良的。女人的寬容令人感激。

在個人能力和職位不再與性別有關的今天，多少女人把自己包裹在職業裝裡，收藏起從前的柔弱和嬌嗔，用幹練和硬朗去與別人打拚。打拚的結果也許會產生物質上的勝利，但同時也可能讓女人失去很多。可以說現在有相當多的女人不滿足於家庭的小世界，她們一心想要做女強人。而她們理解的「女強人」就是那種風風火火、慷慨激昂、好爭好鬥，如猛虎獅子般的女人。

每個女人都有自己的魅力，如果你善待自己，別人就容易看到你的魅力，當你對自己充滿了自信，你就會活得越發光彩，永遠保持對生活的熱情。讓這種熱情使你的女人味更足。

一個有女人味的女人，她內在的優美氣質，不僅可以令人動情，而且也可以令人傾心。能憑自己的內在氣質令人傾心的女人，是最有女人味的好女人。

活得美好的女人，會對人產生永久的吸引力。有了這種女人味，女人無論漂亮與否，都會自然而然產生獨特的氣質和風度。女人的漂亮不會永駐，女人的氣質和風度卻會長伴終生。如今有氣質和風度的女人越來越多，這是社會的進步，女人們優雅活下去，這才是真正的女人。

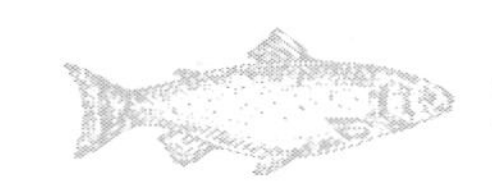

第十一章　巾幗不讓鬚眉

氣質不需要改變，個性卻是可以塑造的。塑造美好的個性，活出真正的「女人味」。尊重自己，堅守自己的個性，你一定是最優秀的！一切都要像呼吸一樣自然，揚長避短，顯現出自己的色彩，打扮出自己的個性魅力，這樣一來，成功的機遇之神便會向你伸出青睞之「手」。

第十二章
如何打造成功的總經理

人生在世，沒有準確的定位，就不會有非凡的事業。要想取得輝煌的成就，就需要給自己一個準確的定位，正如拿破崙所說：「不想當將軍的士兵永遠不是個好士兵。」只有你把自己定位在將軍的位置上，你才有所追求，進而成為優秀的士兵，然後才有可能成為將軍。

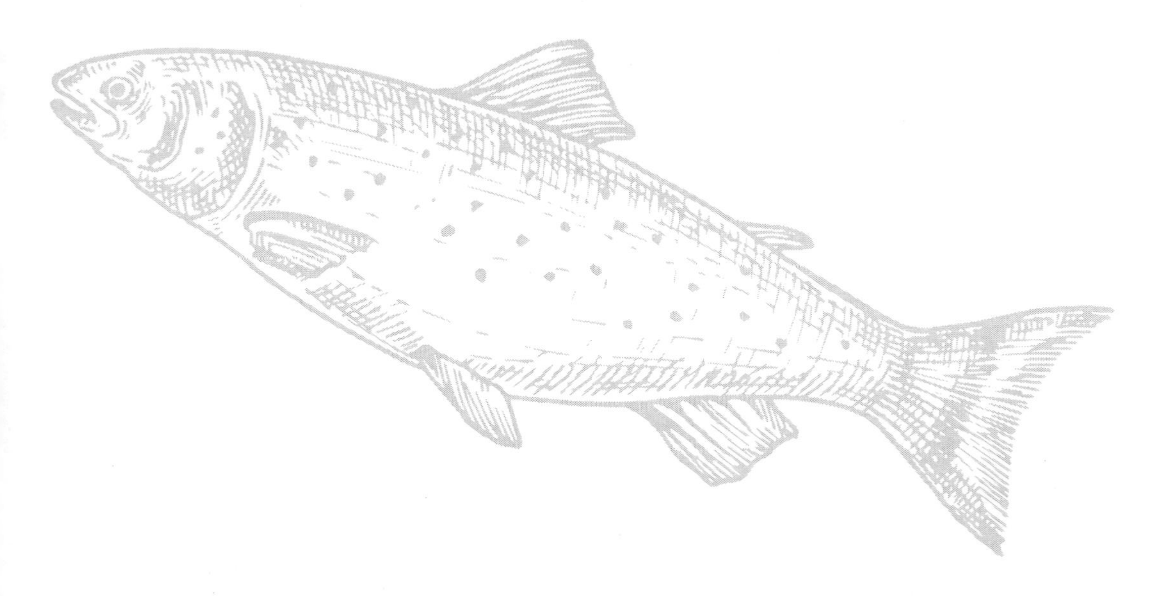

第一節　成功總經理應具備的十二種動物精神

(1) 堅韌執著的鮭魚

由於對自己的人生還不確定，常常三心二意的不知自己將來要做什麼。設定目標是首先要做的功課，然後就是堅韌執著的前行。途中當然應該停下來檢視一下成果，但變來變去的人，多半是一事無成。

(2) 目標遠大的鴻雁

太多領導者因為貪圖一時的輕鬆，而放棄未來可能創造前景的挑戰。要時時鼓勵自己將目標放遠。

(3) 目光銳利的老鷹

首先要學會分辨是非，懂得細心觀察時勢。一味接受指示、不分對錯，將是事倍功半，得不到理解和支持。

(4) 盡職的牧羊犬

新新人類最為人詬病的就是缺乏責任感，作為一個領導者，學習建立負責任的觀念，會讓人覺得孺子可教。抱著多做一點多學一點的心態，你很快就會進入狀態。

(5) 忍辱負重的駱駝

工作壓力、人際關係，往往是新人無法承受之重。人生的路很漫長，學習駱駝負重的精神，才能安全抵達終點。

(6) 善解人意的海豚

常常問自己：我是總經理該怎麼辦？有助於吸收處理事情的方法。在工作上善解人意，會減輕總經理、共事者的負擔，也讓你更具人緣。

(7) 腳踏實地的大象

大象走得很慢，卻是一步一個腳印，累積雄厚的實力。總經理切忌說得天花亂墜，卻無法一一落實。腳踏實地的人會讓別人有安全感，也願意將更多的責任賦予你。

(8) 感恩圖報的黃雀

你可以像海綿一樣吸取別人的經驗，但是職場不是補習班，沒有人有義務教導你如何完成工作。學習黃雀銜環的精神，有感恩圖報的心，工作會更愉快。

(9) 勇敢挑戰的獅子

對於大案子、新案子勇於承接，對於總經理是最好的磨練。若有機會應該勇敢挑戰不可能的任務，藉此累積別人得不到的經驗，樹立自己的威信。

(10) 機智應變的猴子

工作中的流程有些往往是一成不變的，領導者的優勢在於不了解既有的做法，而能創造出新的點子。一味接受工作的交付，只能學到工作方法的皮毛，能思考應變的人，才會學到方法的精髓。

(11) 嚴格守時的公雞

很多人沒有時間觀念，上班遲到、無法如期交件等等，都是沒有時間觀念導致的後果。時間就是成本，養成時間成本的觀念，有助於日後晉升時提

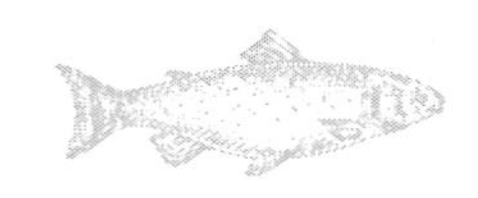

升工作效率。

(12) 團結合作的蜜蜂

新人進到公司，往往不知如何利用團隊的力量完成工作。現在的企業很講究 Teamwork，這不但包括解憂團隊、尋求資源，也包含主動幫助別人，以團體為榮。

> 作為管理者，應該具有良好的駕馭能力，這包括愛護下屬，特殊情況下的當機立斷，預知和防範危險的能力。

第二節　成功總經理的三十三個好習慣

(1) 用心傾聽，不打斷對方說話。
(2) 隨時記錄靈感。
(3) 每天堅持一次運動。
(4) 遇到挫折對自己大聲說：太棒了！
(5) 不說消極的話，不落入消極情緒中，一旦出現立即正面處理。
(6) 凡事先訂立目標，並且盡量製作「夢想版」。
(7) 每天在下班前用五分鐘的時間做一天的整理性工作。
(8) 大事優先的工作態度。每一分、每一秒做生產力的事情。
(9) 不說「不可能」三個字。
(10) 隨時用零碎的時間（如等人、排隊等）做零碎的小工作。
(11) 寫下來，不要太依靠腦袋記憶。
(12) 控制住不要讓自己做出為自己辯護的第一反應。

(13) 恪守誠信，說到做到。
(14) 把重要的觀念、方法寫下來，並貼起來，以隨時提示自己。
(15) 走路比平時快30%。走路時，腳尖稍用力推進；肢體語言健康有力，不懶散、萎靡。
(16) 每天出門照鏡子，給自己一個自信的笑容。
(17) 凡事第一反應是找方法，而不是找藉口。
(18) 每天自我反省一次。
(19) 守時。
(20) 定期存錢。
(21) 開會坐在前排。
(22) 微笑。
(23) 說話時，聲音有力。感覺自己聲音似乎能產生有感染力的磁場。
(24) 節儉。
(25) 每天有意識、真誠讚美別人三次以上。
(26) 不用訓斥、指責的口吻跟別人說話。
(27) 每天多做一件「分外事」。
(28) 不管任何方面，每天必須至少做一次「進步一點點」。
(29) 及時寫感謝卡，哪怕是用便箋寫。
(30) 每天提前十五分鐘上班，推遲三十分鐘下班。
(31) 凡事預先作計畫，盡量將目標視覺化。
(32) 時常運用「腦力激盪」。
(33) 在做重要事前，疲勞時，心情煩躁時，緊張時，聽心跳一分鐘。

> 好的習慣越多，則生活抵抗引誘的力量也越強。
>
> —— 亨利 · 詹姆斯

第三節　怎樣做好總經理

總經理，作為企業的領頭羊，既是一個企業的濃縮又是企業標誌。總經理的一言一行，直接影響著公司員工的一言一行。要想做好一個總經理，必須注意從以下幾個方面做好：

(1) 樹立自身的形象

作為一個公司高層主管的總經理，出則代表公司，入則為公司人員的行為標榜，所以，自身的形象是很重要的！

要樹立好自己總經理的形象，應該做好以下幾點：作風、思考和處事方式。

作風的好壞，是一個人品格和素養的表現。好的品格作風能夠感染別人。辦事穩重、有信譽，是領導者必備的素養和作風表現。

思考是人的靈魂所在。作為一個好的總經理，思考應該做到時尚、有深度、有廣度，要能夠高瞻遠矚。只要這樣，才能夠把企業做好、做大。

處事方式是一個總經理能力的外在表現，是一個人得以立世的根本。好的總經理應該養成辦事嚴謹、雷厲風行、說到做到、穩重的處事方式，要有敏捷的頭腦、卓越的遠見。

(2) 員工的管理

可以說，員工是一個企業的基礎和命脈，是企業得以存在和發展的根本。所以，明智的領導者都會想盡辦法去善待員工，以留住人才，並充分發揮出每個員工的能力，為公司創造最大的效益。在員工管理方面應該注意以下幾點：

① 員工薪資待遇

我們每個人每天都為了生活忙碌著，一個人工作的目的也許會有很多，但是有一點是絕對相同的，那就是賺錢。而作為一個員工，賺錢的方式就是薪資待遇。由此可見薪資待遇在員工管理當中的重要性。但是，薪資待遇和企業的成本支出之間又是一對很矛盾的關係。員工的薪資待遇高了，同時企業的成本支出也就高了；反之則企業成本支出也就偏低。而企業成本支出的高低在一定程度上影響著企業在市場上的競爭力。

那麼，員工的薪資待遇在什麼程度最為合適呢？

一般情況下，員工的薪資待遇應該以企業所屬行業薪資待遇水準的中等為最佳，重要的職位或者重要人才可以考慮給予行業水準的上等薪資待遇，這是對外而言。

對內而言，員工的薪資待遇標準還應該本著「公平、公正和公開」的原則。公平指的是相同或者相近的職位應該按照同樣的薪資待遇標準執行，不能根據個人好惡和關係而有所不同。公正指的是對於特殊的人才和職位應該給予特殊的薪資待遇。公開則是要使所有員工都知道公司的薪資待遇標準，以免引起不必要的相互猜忌和影響工作積極性。

三條原則任何一條沒有處理好都會影響公司員工的團結性、工作積極性和穩定性！這就要靠你的管理職能了。

② 良好的激勵機制

一個人如果長期的去做一件事，做久了以後都會懈怠。當福利和高薪逐漸成為習慣以後，如果沒有別的刺激因素，員工的工作積極性就會逐漸喪失。這對於一個企業的發展來說，是非常不利的一個因素。所以，良好的激勵機制對於企業來說，就顯得非常的重要。

一個良好的激勵機制應該包含這幾個方面的東西：

獎、懲。即對於企業有貢獻者，認真努力工作者，我們應該給予獎勵，以激勵他們更加努力為公司工作，使公司獲得更快的發展；而對於不認真工作、有損公司利益的人，我們應該給予他相對的懲罰，一來督促他自己改正，二來也警戒他人不可再犯同樣的錯誤，從而避免公司同樣的損失再次出現，將損失和錯誤率減到最小。

有了激勵機制，員工就有了危機感，就會更加努力工作。

激勵機制主要有以下幾種手段和方式：金錢激勵、物質激勵和職位激發。其中金錢激勵是最直接也最有效的激勵手段；物質激勵則是根據貢獻的大小給予現實物品的一種激勵方式和手段；職位激發指的是根據員工的表現而對其職位進行升遷降職、水平調動等職位變遷的激勵方式，是員工自身價值在公司的一種展現。

以上三種激勵方式，除了物質激勵方式屬於單項激勵方式以外，其餘兩種都屬於雙向激勵方式，即可獎可懲，是企業中使用比較頻繁的、被大眾所認可和接受的有效激勵方式。

③ 員工福利待遇

員工的福利待遇包括住房補助、交通補助、通話費補助、職位培訓教育、年終分紅等等。福利待遇對於留住人才、穩定員工和激勵員工都有很大作用。至於尺度標準，企業應該在政策的允許下，根據企業的實際情況設定相關制度標準。

(3) 明確公司的各種政策和發展目標

目標是工作的方向，沒有目標的工作是盲目的、沒有效率的。只有確定了目標，員工才知道自己該去做些什麼，才會朝著這個方向去努力，工作才會更有效率。

政策是企業員工的一種行事規範和準則，也是企業員工行事的一種方法。他使每個員工都能夠明白，什麼事該做什麼事不該做，什麼事情應該怎麼做。畢竟工作不同於生活，很多行事準則和方法是不一樣的。讓員工明白這些準則和方法，有助於他們更快、更好的完成自己的工作，從而使公司更快達到自己的發展目標。

(4) 高效的執行組織機構

一個企業的組織機構有很多種模式，每一種模式都有它存在的理由。但是最好的組織機構模式應該是最簡單而執行又最快最有效的模式。所以，身為一個優秀的總經理，還要根據自己企業的實際情況制定出一個好的組織結構模式。

(5) 創建良好的企業文化

人都是合群而居的。因為合群，所以就有了團體，就有了這集合個體存在方式而成的團體存在方式。這方式，就是一種團體的文化。

企業，就是團體中的一種。

當企業的每個成員聚合到一起的時候，就形成了一種屬於他們自己的、獨特的企業文化。

每個企業都會有他們自己的企業文化。

這是一種抽象而又具體、具體而又抽象的存在！

好的總經理應該能夠根據自己企業的現狀，歸納總結出企業文化理論的精華，並將它再次融入到企業的正常運作當中去，從而使這種企業文化不斷發展昇華，並形成一種更好、更時尚、更有生命力和代表性的企業文化精華。

好的企業文化不是一成不變的，一成不變的企業文化最終只會使企業走向沒落。

以上是做好一個總經理應該要注意的幾個基本方面。事實上每個企業都有自己的特性，就像企業文化有自己的特性一樣，很多地方，還應該根據企業的特色，去做好每一個細微的方面。要明白「主管不僅意味著權利，也意味著義務」。

總經理不是簡單發號施令或機械照本宣科。一個領導者只有把自己的個人魅力與領導藝術結合起來，才能發揮出有用的領導作用。一個領導者的綜合能力有多大，便決定了他在主管職位上走多遠、走多高。

第四節　總經理的六條準則

官職是一種符號，符號可以擦掉，但人是擦不掉的。做官一陣子，做人一輩子。做官先做人。做人，品格是第一位的。

作為總經理，應當遵循主管階級應遵循的行為準則，用來規範和約束自己的言行。六條準則是：

(1) 為人謙虛

要以謙虛的態度尊重別人，團結員工，學人之長，補己之短，不恥下問，拜人為師。人不可自負，自負是謙虛的大敵。不論當多大的官，做出多大成績，獲得多大榮譽，自己都要頭腦冷靜，做到有自知之明，不驕傲，不自滿，尤其是不狂妄。要時刻清楚，自己的能力是有限的，即便做出一些成績，與上級的幫助和下級的支援是分不開的，不要自以為是。員工是真正的英雄，而我們自己則往往是幼稚可笑的。要牢記，虛心使人進步，驕傲使人落後。「上帝讓你滅亡，首先叫你猖狂」，傲氣、霸氣十足的主管最不得人心，下屬最反感那些抬腿不知高低、說話不知深淺的狂妄主管。不擺官架子，密切關心員工，平易近人，是領導者的基本素養。

(2) 好心感人

作為一個領導者，最基本的一條就是心腸要好。要帶著良心，帶著感情，帶著責任去做工作。以自己的好心來感動人、影響人、教育人，在工作中讓下屬感受到自己的真誠，感受到自己的善心。要熱情待部下，在不違背原則的情況下，盡可能幫助他們解決一些涉及切身利益的事。在責罵和處分下屬時要從關心人、愛護人、幫助人的目的出發，而不是踩人、壓人、欺負人。工作不能不惹人，但要以自己的良苦用心贏得部下的理解，以自己赤誠的心提高權威。不管別人怎樣對你，你都應真誠對待別人。

(3) 公道對人

領導部下要出以公心，管理人事要懂得獎罰分明。

道德要求。要注意兩隻手辦事，兩隻眼看人，兩隻耳朵聽音，兩條腿走路。矛盾的產生，往往是辦事不公造成的。辦事要公，須做到這樣幾點：

一是公正。按原則辦事，按規矩辦事，不能個人說了算，提倡有主見，反對堅持主觀。

二是公道。待人公道，作風正派，辦事要合乎民心，一碗水端平，握好一桿秤。

三是公開。辦事要有透明度，要讓大家清楚事情的來龍去脈，不要躲躲閃閃，神神祕祕。

四是公明。要善於明辨是非曲直，當面說你好的人未必對你是真心，當面罵你的人未必對你有壞心。要以全面、辯證、發展的觀點看待人和事，切忌偏聽偏信，不能聽到風就是雨，要有自己的主張，不被人左右。

五是公心。辦事要出於公心，不能帶成見，帶傾向，支持一派、反對一派。在工作中要盡量排除私心雜念，更不能感情用事。一切從工作出發，一切為大局著想。

(4) 用能力帶人

身教重於言傳。要實際做工作，全神貫注做事業。能挑一百斤絕不挑九十九斤。自己做的不如人，不在人前教訓人。主管要有感召力、凝聚力，關鍵是自己本事堅強。人的威信是做出來的，而不是吹出來的，捧出來的。主管處處當成表率，是個實際的人，必然會影響和帶動下級。說一千句、一萬句，只有實際作為是關鍵。火車跑得快，全憑車頭帶。改變一個企業的面貌，主管必須帶頭工作。

(5) 謹慎做人

古人云：「吏不畏吾嚴而畏吾廉，民不服吾能而服吾公。公則民不敢怠，廉則吏不敢欺。」對主管階級來說，廉潔、公正是很重要的。「正其心，修其身」，要不斷提高自身的政治素養。特別要注意自身學習與修養。「以銅為鏡，可以正衣冠；以古為鏡，可以知興替；以人為鏡，可以明得失。」對領導者來說，最重要的一條是嚴格要求自己，工作要敢闖、敢冒險，而做人卻不能什麼都不怕，什麼都無所謂，什麼都敢做，不考慮後果，讓人說三道四。我們要盡量做到：不犯錯誤，少犯錯誤，一輩子慎言慎行，保全名節。

(6) 嚴格管理人事

主管階級在嚴格要求自己的同時，要求部屬也應從嚴。古人說：「沒有規矩，不成方圓。」嚴格管理人事，有助於形成良好的風氣、高尚的情操、打拚的精神。嚴格管理人事，可以帶出一支有理想、有紀律、特別能奮鬥的團隊；而管理鬆懈，帶出的團隊必然是鬆鬆垮垮、拖拖拉拉，毫無奮鬥力，必定要打敗仗。管理應揚善抑惡，要表揚、鼓勵對的，責罵、懲罰錯的。

> 人的品格和能力是個人能力能夠運用的唯一武器，它們能為你贏得一切。
>
> —— 惠特曼

第五節　總經理的職業修養

在很多企業中，有這樣的總經理：在員工犯了大錯誤，忐忑不安的等待處分和責罵的時候，總經理卻用微笑幫助員工走出失敗的陰影，重新建立他的信心。員工在工作中經常犯一些小毛病，這會遭到總經理的嚴厲責罵，在責罵中夾帶說教，讓員工懂得工作的意義，在責罵中成長。工作中，以身作則；工作之餘，與員工打成一片；有張有弛，在工作和生活中得到員工的信賴和尊重。

對於上面所說的，其實有很多這樣的事情，我們這裡可以舉兩個例子。

一個在某 IT 公司做業務的朋友說了他們總經理的事情：他的總經理以身作則，身先士卒，每天早上一定提前半個小時到達職位。有一天他八點二十八分到辦公室，距離八點三十分上班剛剛好沒有遲到，但是總經理在門口等著他，和他談這談那，過了八點三十分才讓他進來打卡。總經理告訴他，我是想讓你在遲到中明白工作，每天你應該提前十分鐘到工作職位，這樣才能夠很好的進入工作狀態。朋友後來提到這件事情，不但沒有怨言，反而更加信服這位總經理。他這樣評價總經理：「因為總經理每天肯定提前半個小時到職位，這是職業化養成的工作習慣，我們確實應該學習。」

有的總經理習慣了在權利的光環下工作，工作中出現了問題，不分青紅皂白，先把負責的人找來大罵一頓。然後再調查工作的細節問題，最後才發現原來不是員工的錯。小李因為這樣的事情經常被總經理罵，小李負責公司的客戶服務部門，負責為客戶解決電腦應用中發生的問題，有一次客戶說無法接受工作人員的服務，就為這個事情被總經理大罵了一頓，後來調查了之後發現客戶所表達的意思是自己的基礎比較差，和工作人員溝通起來比較困難。後來談及這件事情，只能抱以無奈的一笑。

這就是兩種不同的管理風格，總經理工作的時候應該想到最後的結果。如果「送」員工一次遲到，能夠讓他懂得工作，這是值得的。但是總經理應該先做到這一點，我們有句古話叫做：「己所不欲，勿施於人。」如果大罵員工一頓能夠解決問題，那今天企業界最盛行的就不是 MBA 了，應該是「罵術」。相信責罵員工的總經理也是為了把工作做好，只是採取的方法有些欠妥。如果能夠耐心找出問題的真正所在，然後再把這個問題解決掉，這才是我們的目的。即使真的要責罵，也要找到真正的原因後再責罵負責之人也不遲啊！總經理在發現自己的責罵錯誤之後，也會感到愧疚，但是因為這個而影響了員工未來的工作熱情和積極性，都是有很大的殺傷力的，是非常不值得的。

一位企業界的專家說過這樣一句話：「這個世界不缺少企業家，缺少的是真正的經理人。」真實反映了目前企業管理層次的情況。總經理在企業中扮演的是執行的角色，是戰術的執行;企業家在企業中扮演的是經營者的角色，是策略的制定。目前困擾企業發展的不是策略的制定，而是戰術的執行。總經理所肩負的這一職責，可謂之任重而道遠。根據一些權威資料的調查，人們以往對總經理的定位存在很大的偏差。我們總是認為總經理是企業中工作做得最好、知識最淵博、能力最強、在團隊中做最多工作的人，而事實恰恰相反。

根據最新的對於企業總經理的調查顯示，總經理的工作主要分成資訊、決策、交際、監督等幾個主要職能，如果總經理能夠把這幾件事情做好，那企業的經營狀況一定會蒸蒸日上。

工作中必須重視資訊的收集和擷取，總經理在工作中應該注意對行業資訊的收集，同行業的創新、變革等資訊必須掌握，同時還應透過這些資訊來辨別未來的動態和走向。收集資訊不只是在工作的時間裡，因為透過實踐工作顯示，大量的有價值的商業資訊並不是在工作中獲得的。這些資訊的來源主要在媒體、人際交往等方面，我們偶然翻看一個雜誌和報紙的時候，就有可能看到一個商業資訊；我們參加一次同學聚會的時候，有可能在聊天中得知老同學的公司正要購買一批設備，這些都是資訊。在日漸激烈的競爭中，誰能夠預先獲得資訊，誰就占據了競爭的有利位置。我們經常說「商場如戰場」，把做生意比喻成打仗，在這場戰爭中資訊是你成與敗的關鍵。

在實際工作中證明，總經理的很多時間是零散的，總經理想要有一段完整的時間來做一件事情是非常困難的。總經理就像一臺高速運轉著的機器，對於外界的訊號他必須不斷給出確認的資訊，而且還要把自己的職責完成。員工經常抱怨看不到總經理，很少看到總經理在工作，這是由於總經理的特殊職位造成的。總經理是企業與外界聯絡的一個樞紐點，企業的在同行業中的口碑、企業的市場形象、企業與外界的溝通，都是由總經理來完成的。

總經理肩負著企業交際的職能，這個交際包括內部的和外部的。對於內部的交際，總經理應經常保持於內部員工的溝通和交流，了解員工的喜好、對工作的看法和見解，同時把公司的目標和遠景規劃告訴員工，這樣在企業

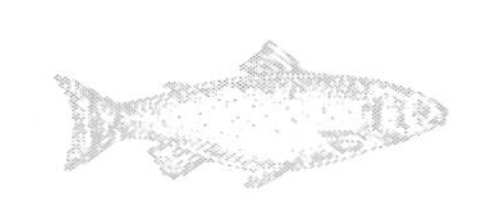

中總經理才能和員工緊密的聯繫在一起，對於企業的日常管理很有必要。同時，讓員工了解企業的目標也有助於員工做好自己的工作，員工知道了整體利益而懂得完成局部功能。對於繁忙的總經理來說，專門抽出時間來做內部溝通好像是不值得的，但是如果仔細的考慮，這是一件影響到公司長久發展的事情就不會這樣認為。由於工作繁忙，員工之間交流也很少，如果企業的管理者能夠充分利用午飯時間，經常與員工一起共進午餐，這樣有助於提高團隊的凝聚力。這是一種既節約時間又能達到目的的方法，建議總經理們充分利用。

對於外部的溝通而言，發表會、研討會、報告會，名目繁多，簡直讓人眼花撩亂。加上公司的大小會議，正式的和非正式的活動，這足以耗掉總經理的大部分精力。這是工作的一部分，總經理必須去面對這些，相信如果不是工作的需要，大部分的總經理會選擇和家人一起看電視劇或者開一次家庭會議。總經理工作的特殊性決定了這一切，他必須代表公司參加這些活動。透過發表會讓外界了解企業；透過研討會提高管理技能；要經常參加同行業的報告會；公司內部會一要定期召開，讓員工明確目標，解決員工的問題和工作的障礙；公司外部的會議要參加，了解上級的要求，更好的完成目標；社交活動不能夠推掉，否則人家會說不給面子；正式的社交更不能不參加，否則將會影響到企業的安危。這看似無關緊要的一切，把總經理的時間分成若干段，總經理在破碎的時間表中完成了自己交際的使命。

企業的總經理不需要出去推銷產品，只要制定一個行銷計畫就可以；對於企業服務和產品的創新，只要表示同意或者否定即可。總經理在一個時期為企業樹立的一個目標，並且為這個目標制定一個實現的計畫，對部屬的執行進行有效的監督。及時掌握工作的進程，保證員工的工作任務不偏離軌道，對員工工作中存在的問題予以指正，這樣就可以保證目標的達成。

上面我們提出了總經理的四項職能：資訊、決策、交際、監督。這只是總經理工作的幾個重點部分，實際工作中有更多的需要總經理參與的地方：辦公室需要添加一臺印表機需要簽字、企業日常辦公成本需要控制、正在思考問題的時候，員工突然請示工作……總經理無法按照預先安排的時間表來工作，因為有很多不確定的因素。想與家人共進晚餐的時候，合作夥伴邀請參加 PARTY，總經理不得不去；工作了一年，想要放鬆一下的時候，突然要上一個新的專案，總經理不得不放棄。工作中涉及到各式各樣的問題，總經理必須要全面、妥善解決好。很多不確定的意外因素會突然發生，總經理必須隨時處於待命的狀態。

> 啊！有修養的人多快樂！甚至別人覺得是犧牲和痛苦的事，他也會感到滿意、快樂；他的心隨時都在歡躍，他有說不盡的快樂。

第六節　自我激勵：給自己打氣

每個領導者都嚮往自己的成功，職業的發展，也是每個領導者所追求的目標，是理想，也是夢想。但是，要真正的做好一件事，沒有熱情，沒有幹勁，沒有動力，沒有鬥志昂揚的精神是不可能的。如何激發熱情、幹勁和鬥志呢？那就是激勵，尤其是自我表現激勵。

激勵的目的，不在於改變自己的個性，而在於自我表現的調整，產生合理的行為，調整自我表現的方向。激勵能夠提供動因，動因僅僅是在個人身體內的「內部催動」，例如本能、熱情、情緒、習慣、態度、衝動、願望或想法，能激勵人行動起來。

一種希望可以引起人的行動，使人追求獲得特殊的成就。希望是預期獲得所想要的事物的欲望加上可以得到它的信心。人們覺得適合、可信，而又可以得到的事物，就能引起希望。當然激發因素是可能有不同的形式及程度的。

每一個人在奮鬥中都會遇到各種困難、挫折和失敗，不同的心態，是成功者與普通人的區別。

每個結果都有一定的起因。領導者的每個行動都是已知起因或稱為動機的結果。所以說，自己的命運掌握在自己的手中，最了解你的人是你自己。你自己在想什麼、想做什麼、為什麼去做，任何一種動因都有可能激發你的行為。

激勵自我，需要的是動力。有了動力，領導者才能設定一個目標，不斷激勵自己，並朝著這個目標去奮鬥。有了激情，你就有了幹勁；有了動力，你就有了鬥志。命運把握在自己的手中，勝負成敗取決於你自己。

失敗是每個領導者必然要遇到的人生修練。歷史顯示，凡是有大成就的領導者都是那些戰勝失敗，能堅持不懈追求夢想的人。這些成功的領導者不但有著堅忍的毅力、不屈的鬥志，同樣也有著一整套人生奮鬥的策略，他們往往臨危而不懼，能在逆境中奮起。他們的成功經驗在於能正視失敗，戰勝失敗。

每一次的失敗，都會使一個勇敢的人更加堅定。如果沒有失敗的刺激，他們也許會甘願平庸。失敗使人發憤圖強，歷經失敗的痛苦，才能真正找到自我、感受真正的力量。

(1) 認清失敗

總經理戰勝失敗的第一步就是要了解失敗的本質，失敗只是暫時的挫折。只要你不肯認輸，失敗就不是定局。每個錯誤都不一定是致命的，每一種壓力都不是永恆的。現代領導者，為了追求卓越，應當把失敗看成是成功路上的里程碑，正如一位科學家所說：「看似不可克服的困難，往往是新發現的預兆。」

(2) 正視失敗

德國心理學者威廉 · 沃德說：「失敗應當成為我們的老師，而不是掘墓人；失敗是短時的耽誤，而不是一敗塗地……失敗是暫時走了彎路，而不是走進死胡同。」在人的天性中，有一種神賜的力量。這種力量是不能形容、不能解釋的，它似乎不存在普通的感觀中，而隱藏在心靈深處。

不成功的總經理淺嘗輒止，轉而去做其他的事。他們的座右銘是：「第一次不成功就銷毀所有一切努力過的證據。」相反，成功總經理在第一次努力失敗後能檢討失敗，汲取教訓，然後再努力做同一件事。如有必要，他們甚至重複失敗的過程，以便學得更多。因為他們堅持到底，他們最終定會成功。

(3) 認清弱點

從失敗中尋找學習的機會，最終是找出並且正視導致失敗的個人弱點。這個過程需要有真正坦誠的個性。一旦領導者看清自己的弱點，就要開始努力克服。

那些能夠真正意識到自己的力量永不言敗，對於一顆意志堅定，永不服輸的心靈來說永遠不會有失敗，他跌到了再爬起來，即使其他人都已退縮和屈服，而他卻勇往直前，永不低頭。

(4) 重新部署策略

改變策略是領導者戰勝失敗的另一個重要環節。如果不斷重複錯誤，是不可能戰勝失敗的。但是，有些領導者卻不能正視這個問題。他們重複錯誤，卻一心想著會出現不同的效果。

美國的羅斯福總統在整個二戰期間的表現人所共識，由於小兒麻痺，他終生只能在輪椅上度過。當有人問他傷殘的部位時，羅斯福會說：「我沒有殘，只不過無法站起來罷了。」

(5) 從零起點開始

領導者認知到了失敗的本質，了解自己的弱點，改變策略以後，就應該重新開始，回到人生的競技場上。如果放棄，必然導致徹底的失敗，而且不只是手頭的問題沒解決，還會導致人格的失敗，因為放棄會使人產生一種失敗的心理。你可以用一個人犯錯的次數來衡量他是否樂意從嘗試新事物中學習。如果在年終時你回顧過去的一年時說：「我沒犯任何錯誤。」那麼，你並未盡力嘗試新事物。如果你能說：「我犯了好多錯誤，但這些錯誤是我努力嘗試、成長和冒風險時犯的。」那麼，你大概正在學習，在成長中進步，同時也找到了戰勝失敗的金鑰匙。

> 從錯誤中學習，是一句陳舊的話。對這個道理，我有一個更有力的表達方法：「我說，不犯錯誤，你就學不到東西。」
>
> ——佛萊切・拜隆

第七節　塑造心靈：培養影響力

也許你是一個品格優秀而且水準很高的總經理，對下屬也懷有深厚的感情，但是，只具備這些並不能說明你就有威信，就能統領好下屬。職位對威信不會有太大的幫助，過去的成績並不代表現在。

把你的熱誠像無線電波一樣傳遞給別人，會比那些長篇大論或華麗的詞藻，更有力的傳達你的理念，使人認同你的觀點，服從你、肯定你。

一位受邀前來鹽湖城摩門大教堂演講的人，本來只預訂演講四十五分鐘，但卻足足講了兩個多小時還欲罷不能。當演講結束時，在場一萬名聽眾起立鼓掌達五分鐘之久。

是什麼精彩的演說內容，得到這麼熱烈的迴響呢？事實上他演說的內容，還不及他演說的方式重要。聽眾是被演說者的熱誠所感動，大多數的人們已經根本記不清他說了些什麼。

「精誠所至，金石為開。」這句古老的格言至今仍然歷久彌新。

一位成功的業務經理說，熱誠是優秀的推銷員最重要的特質。「握手時要讓對方感覺到你真的很高興和他見面。」他說。

熱誠並非是天生就有的，而是後天的特質。每個人只要後天努力培養，都可以擁有的。幾乎每一次和別人的接觸，你都在嘗試推銷某種東西給對方。因此，你必須先說服自己，你的理念、你的產品、你的服務，或是你自己，是值得肯定的。嚴格檢視，找出缺點，立即改進，由衷肯定你的理念及產品。

通往人心的路是最難尋也是最難走的路。真可謂「蜀道難，難於上青天」，這是多少人暗自的嘆息啊！

誠懇是一種特質，能夠帶來自我滿足、自我尊重，是一天二十四小時都伴隨我們的精神力量。我們可以指揮並且充分掌握無形的「自我」，它將引導我們獲得榮耀、名聲及財富。

誠懇也是一種動機。別人在把他們的時間、精力或金錢交給你之前，有權利質疑你的誠意。因此，你在著手進行一項計畫之前，先了解自己是否有誠意，問自己：「我是否想要以良好的服務或產品，賺取合理的利潤，或者我希望不勞而獲？」向別人證明你的誠懇非常困難，但是你必須隨時準備好，努力表現你的誠意。

值得注意的是：虛情假意是騙不了人的。過分的熱心、刻意迎合別人，每個人都可以看得出來，也沒有人會相信。

心誠則靈，心誠則通。真誠是打開心靈之門的鑰匙，只有進入了心靈之門，才能馭人。

面對困難時，你對於達到目標的誠意，將支援你度過艱難的時期。如果你知道自己的行為都能為別人提供相對的價值，就能逐漸建立良好的口碑。有愛心的主管具有神奇的特質，愛是領導智慧的源泉，是將人們與理性頭腦可能觀察不到的現實聯繫起來的內心深處的呼聲。愛是很難裝出來的。從一個人的所愛之中找到令人振奮的東西是當主管的前提。

作為主管，一定要善待那些有才能但也有缺點的人，這對你的事業的發達有非常大的作用。

善行是表達愛的主要方式之一。在看到需要幫助的人就本能伸出援手的人，當自己本身遭遇困難時，也會適時得到援助。這時，可能會有一個人奇蹟般出現，並且會予以「相同的報答」。可是，那並非魔術或其他原因，而是善行必會衍生出另一個善行，善行終會招來善報，這是這個世上最強勁的連鎖反應之一。在日常生活中常會碰到那些只需要言語安慰這一點點幫助的人，說不定他們就在你身旁。像老年、窮苦、因病臥床、身體不自由的人都需要這種幫助。人們雖然和他們生活在同一個地方，卻時常忘記，或甚至故意去忽略它。

幫助別人，我們雖不圖真正的回報，但會因為施善行後覺得自己至少是做了件好事，因而在私下會產生一種自我滿足的想法。而如果自己這麼做了之後，也能讓人家多喜歡自己一點點。若是因為想讓人感謝，或期待被社會肯定而行善，那麼美好的誠意會減低。在各式各樣的活動中，有那麼多人以匿名方式來投入時間、精力、金錢去行善，他們並不期望因此而獲得感謝或讚揚，道理就在於此。

施恩不圖報，不要因為別人感恩才去幫忙，要想到他們正在谷底需要援手。這個道理，也許再也沒有比由詹姆斯．史都華與唐娜．瑞德主演的經典名片《風雲人物》中的例子更令人回味、更感動人了。史都華飾演的角色，因事業失敗，想要自殺，因為人死後所獲得的保險費還可以解救家人。最後他被過去在鎮上他幫過的上百個人挽救了。因為他太太打了一通電話說：「喬治需要幫忙。」他們就來了，帶著小額捐款，聚集到他家。

所有的善行都充分表現出古諺「施比受更有福」的道理。如果你能把善良之心更為擴大，由於「相同的回報」的連鎖反應，你也有好的回報。

> 熱誠是一盆火，能將岩石熔化。一個缺乏熱誠的人，難以成就大事。

第八節　積極進取：給自己充電

在知識社會裡，最重大、最根本的變化，無疑是發生了資本革命。資金讓位於知識，知識成為最寶貴的資源，最重要的資本，最珍貴的財富。現代的社會已成為學習型的社會，不去學習、不善於學習就無法適應這個時代，更不可能成為一個成功的領導者。

只要能不斷學習，其實人人都能成為更出色的主管。試試看，挑一些你所知甚少的領域去進修，甚至你所在公司提供的課程，也能讓你獲益良多。

知識經濟的競爭主要是高科技產業之間的競爭，而高科技產業的發展，主要是靠人才所支撐，而人才是靠知識培養出來的。

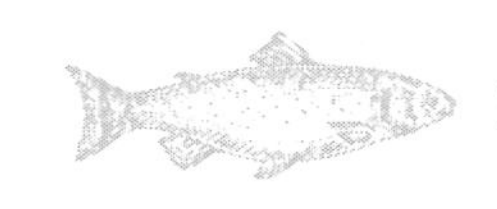

第十二章　如何打造成功的總經理

當時間老人輕快的腳步把我們帶到新世紀的時候，人們見面時打招呼或老朋友互相問候的話語已從1960年代的「你吃了嗎？」變成了「你充電了嗎？」

一個成功的總經理，都是善於為自己充電的人，因為他們深深知道，累積知識比累積金錢更重要。

對於一些本來天賦很高的人，卻終生處在平庸的職位上，導致這一現象的不是別的原因，而是他們不思進取的表現。

一個成功的總經理，隨時隨地都可以磨練自己的工作能力，任何事情都會比別人做得更好，對於他接觸的一切事物，都會細心的觀察、研究，對重要的東西一定要弄清楚。他也會隨時隨地把握學習的機會，對他來說，累積知識比金錢更重要。如果他把所有的東西都學會了，那麼他所獲得的財富就是無限的。

在這個日新月異的網路資訊技術日益升溫的今天，你如果不去學習，不去充電，就會沒電，很快就會被社會所淘汰。所以，無論在何時何地，都不要忘記了給自己充電。尤其是在今天這個競爭激烈的經濟時代，每個人都必須去隨時充電，為自己奠定雄厚的實力，否則，你就很難生存。

在學習過程中，除了幹勁以外，還需要有另一種觀念，即學習充電的觀念，尤其在現代這個社會，「學而不思則罔，思而不學則殆」正是最好的啟示。但書本的知識只是基礎，必須再以自己的理解力將其消化吸收才行，社會是一本大書，需要不斷翻閱。必須知道，在現代社會不充電就會很快沒電，就會被社會所淘汰。

我們在學習中必須堅持「活到老，學到老」的原則，要想成為一個成功的領導者，還應以他人為師。在職場上，最重要的關係是潛在的三種：良師益友、直屬上司以及同事。

同樣是在新的場所工作，有人能立刻掌握要領，並能靈巧的掌握這其實是很難得的。但這種人往往中途就做不下去，甚至退步變壞。

與此相反，起先摸清情況而不順暢的人多方請教前輩或上司，同時自發性的認真用功，並繼續保持這種態度，可能就會取得很大的成就。

人都是由許多人的幫助與知識才逐漸成長起來並走向成功的。可是，更重要的，就是對這種幫助與教導要自己去學習吸收。

大多數人從學校畢業後進入社會就失去進修的心，這種人以後是不會有什麼進步的；反之，學生時代即使不顯眼，但到社會後仍然勤勉踏實的盡本分自覺學習應該學的東西。這樣才會有長足的進步。

俗話說：「非學無以廣才，非學無以明智。」對於一個總經理來說，知識素養更為重要。因為在實施領導行為的過程中，知識素養決定著領導者的觀念和思維方式，而觀念和思維方式決定著行為方式。只有具備了廣博的知識，領導者才能具備和提高分析判斷決策組織交往等各方面的能力。所以說，知識素養是領導者成材的基礎。

一位頗有魄力的老闆在公司的經理會上說了這樣一段話：「美國的大公司，在開辦新的分公司或增設開工廠時，往往是 1950 年代的人，就任主管職位。但是現在如果公司命令你擔任技術部部長、廠長或分公司經理的話你們會怎樣回答？『我會盡力回報公司對我的重用。作為一個廠長，我會生產優良產品，同時也會好好訓練員工。』或者說：『我能愉快的勝任，好好做廠長的職務，請安心的指派我吧。』你們能否馬上回答我呢？」

「一向在公司工作，任職十年以下的你們，有了十年以上的工作經驗，平時不斷鍛鍊自己，不斷進修。一旦被派往主管職位的時候，有跟外國任何公司一較高下、把工作做好的膽量嗎？你們有這種把握嗎？有把握的請舉手。」

發現沒有人舉手後，他繼續說：「各位可能是謙虛，所以沒有舉手。到目前，有很多前輩被委以重任，表現優異，深受公司、同業和社會的稱讚。由於他們的主管，公司才有現在的發展，他們都是從年輕的時候就在自己的工作職位上不斷進修，不斷磨練自己，認真吸收工作要領，所以一旦被委任為總經理，就能夠發揮他們的力量，取得很好的成果。」

雖然這說起來很簡單，是理所當然的事；但是每天不斷努力這件事，其實並不那麼簡單。所以要你時常自我激勵，重新認識自己，不斷保持創新的意念。

不管時代怎樣的變化，這一點是不變的。藝術界的名演員，都是很有天賦的人，但他們仍會分秒必爭認真習藝，不斷下工夫，提高自己的演技。如果報紙上的影評、劇評指責他的缺點的話，他會一夜不眠的考慮自己的缺點。這就是我們能鑑賞到優秀演出的原因。對公司來說，平時認真磨練和努力是同等重要的。沒有不斷努力和磨練，是絕對不能培養出自己的信心和實力來擔任總經理工作的。

> 知識的控制，是明天世界上的每一個人類機構爭奪的關鍵所在。

第九節　保持健康的體魄

「德、智皆寄於一體，無體是無德、智也。」所謂「體」就是身體素養。作為道德和智慧的載體，是每個成功領導者的基本物質基礎。所以，每個主管必須清醒的認知，如果想要在自己的行業中闖出一番事業，就必須注意自己的身體健康，學會養生之道。

大部分主管的工作時間都很長，白天坐了一天，晚上又挑燈夜戰到半夜，這最易使人體早衰。《醫學入門》說：「終日屹屹端坐，最是速死。」成天伏案工作，頸部經常向前彎曲，血管處於輕度受壓狀態，影響腦組織的氧氣和葡萄糖等營養物質的供應，而緊張的腦力活動又恰恰大量消耗這些東西，時間久了就會感到頭昏頭痛。而且，在持續緊張用腦過程中，或在長時間的用腦之後，沒有適當的體力運動來調節，大腦的疲勞就難以消除。久而久之，就會引起大腦的功能紊亂，並對其他各個系統都帶來不利影響。

羅斯福認為：充沛的精力寓於健康的身體。體育和娛樂雖然用去了一些寶貴的時間，但長時間獲得了健康。所以這位總統幽默了一下，風趣的說：「我『賺』了！」沒有非凡的體魄，沒有超人的精力，要經受緊張的腦力活動，擔負起繁重的工作任務，無論如何也是不可思議的。平常注意多運動，鍛鍊好身體，不僅更有利於做出卓越的成績，而且隨著時間的流逝，並不會使身體嚴重老化，你將仍然思維敏捷，精力充沛，並繼續做出重大貢獻。這不正是不懈的日常運動所用以報答你的東西嗎？

人生活在這個世上，需要各式各樣的條件因素，而健康的身體則是人生最重要的物質基礎。沒有一定的身體素養作保障，一切優良的品格、一切知識、精神、志向和理想都會成為空中樓閣。

總之，身體素養要求領導者必須要身體健康，精力充沛，體能潛力非常大，具有強大的生理適應性，充滿了旺盛的生命力。作為領導者，你的身體不僅僅屬於你自己了。你擁有健康的體魄，也就擁有了你所能擁有的一切的基礎。

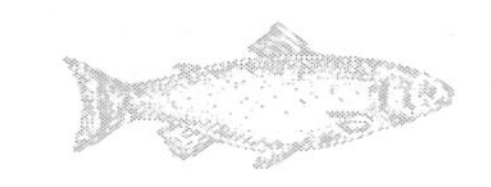

健康是為我們的事業和我們的福利所必需的，沒有健康，就不可能有什麼福利，有什麼幸福。

總經理你要怎樣！

別再只懂黑臉壓制！你試過用「鮭魚精神」領導企業嗎？

作　　者：楊仕昇，馬銀春
發 行 人：黃振庭
出 版 者：崧燁文化事業有限公司
發 行 者：崧燁文化事業有限公司
E-mail：sonbookservice@gmail.com
粉 絲 頁：https://www.facebook.com/sonbookss/
網　　址：https://sonbook.net/
地　　址：台北市中正區重慶南路一段六十一號八樓 815 室
Rm. 815, 8F., No.61, Sec. 1, Chongqing S. Rd., Zhongzheng Dist., Taipei City 100, Taiwan (R.O.C)
電　　話：(02)2370-3310
傳　　真：(02) 2388-1990
印　　刷：京峯彩色印刷有限公司（京峰數位）

定　　價：399 元
發行日期：2021 年 08 月第一版
◎本書以 POD 印製

國家圖書館出版品預行編目資料

總經理你要怎樣！: 別再只懂黑臉壓制！你試過用「鮭魚精神」領導企業嗎？/ 楊仕昇, 馬銀春 著. -- 第一版. -- 臺北市：崧燁文化事業有限公司, 2021.08
面；　公分
POD 版
ISBN 978-986-516-786-8(平裝)
1. 企業領導 2. 領導理論
494　　110011727

電子書購買

臉書